航天科工出版基金资助出版

# 微 系 统

贾晨阳　王开源　编著

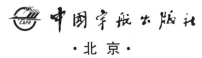

·北京·

图书在版编目（ＣＩＰ）数据

微系统 / 贾晨阳，王开源编著 . -- 北京：中国宇航出版社，2021.2

ISBN 978 - 7 - 5159 - 1817 - 4

Ⅰ . ①微… Ⅱ . ①贾… ②王… Ⅲ . ①微电子技术 Ⅳ . ①TN4

中国版本图书馆 CIP 数据核字(2021)第 035442 号

| | | | |
|---|---|---|---|
| 责任编辑 | 张丹丹 | 封面设计 | 宇星文化 |

| | |
|---|---|
| 出　版 发　行 | **中国宇航出版社** |
| 社　址 | 北京市阜成路 8 号　　　邮　编　100830 |
| | (010)60286808　　　(010)68768548 |
| 网　址 | www. caphbook. com |
| 经　销 | 新华书店 |
| 发行部 | (010)60286888　　　(010)68371900 |
| | (010)60286887　　　(010)60286804(传真) |
| 零售店 | 读者服务部 |
| | (010)68371105 |
| 承　印 | 天津画中画印刷有限公司 |
| 版　次 | 2021 年 2 月第 1 版　　2021 年 2 月第 1 次印刷 |
| 规　格 | 880×1230　　　　　开　本　1/32 |
| 印　张 | 5　　　　　　　　　字　数　144 千字 |
| 书　号 | ISBN 978 - 7 - 5159 - 1817 - 4 |
| 定　价 | 48.00 元 |

# 前　言

微系统由 Microsystems（MTS）翻译而来，顾名思义，即轻小型系统。国内一般认为微系统是融合微电子、微光子、MEMS、架构和算法五大基础要素，采用系统设计的思想和方法，将传感、通信、处理、执行和微能源等五大功能单元，以微纳制造及工艺为基础的系统级封装集成在一起的具有多种功能的微装置。

微系统是继集成电路之后的下一个基础性、战略性、先导性产业，是关注太空、海洋、战略预警和电磁的技术基础。20 世纪 60 年代以来，微系统技术经历了从微器件的设想到微压力传感器的问世，逐步实现技术突破和制造工艺的改进，至今进入集成技术大力发展阶段，在信息、生物、航天、军事等领域已有广泛应用。

美国等发达国家在 20 世纪末已将微系统技术列为现代前沿核心技术，并纳入国防科技攻关计划，掌握微系统技术对于国家保持技术领先优势具有重要意义。微系统技术和产业发展如今也受到我国各部门、相关高校和科研机构的高度重视和大力支持，深入研究势在必行。

微系统具有高集成度、微小型化、低功耗、高可靠性、高效率等优点。未来，微系统技术上的新材料、新方法、新工艺等技术变革必将对军民两用的系统研发和制造带来颠覆性影响。

# 目　录

第一章　微系统概述 ……………………………………… 1

一、认识微系统 ………………………………………… 2

（一）什么是系统? ………………………………… 2

（二）什么是微系统? ……………………………… 3

二、微系统的发展背景和需求 ………………………… 8

（一）发展背景 …………………………………… 8

（二）发展需求 …………………………………… 9

三、微系统的分类 …………………………………… 10

（一）信息处理微系统 …………………………… 11

（二）导航微系统 ………………………………… 11

（三）射频微系统 ………………………………… 11

（四）光电微系统 ………………………………… 11

第二章　微系统关键技术 …………………………… 13

一、微系统相关电子元器件技术 …………………… 16

（一）微电子技术 ………………………………… 16

（二）光电子器件技术 …………………………… 24

（三）微机电系统（MEMS）器件技术 ………… 26

（四）微能源器件技术 …………………………… 28

二、集成技术 ………………………………………… 29

三、算法与架构 ……………………………………… 30

四、热管理技术 ……………………………………… 31

五、微系统技术发展面临的挑战 …………………… 33

（一）集成技术因工艺和外围限制受影响 ……………… 33

（二）散热困难和可靠性降低 ……………………………… 34

（三）检测和测试资源的支持不能及时到位 …………… 34

**第三章　国外微系统发展举措** ……………………………………… 35

一、制定重大发展规划引领技术创新与变革 ………………… 36

（一）国际路线图委员会发布新版国际器件与系统
　　　路线图 ……………………………………………… 36

（二）美国制定"电子复兴计划" ………………………… 45

（三）欧盟制定"功率半导体和电子制造4.0"计划 … 52

（四）日本推出新型电力电子器件发展规划 …………… 53

二、设立有针对性的投资项目为技术发展提供支撑 ……… 54

（一）先进处理器技术领域投资侧重忆阻器及专用
　　　技术研发 …………………………………………… 55

（二）宽禁带半导体器件领域注重应用技术研发 …… 59

（三）新材料器件领域投资集中在石墨烯前沿技术研究 … 60

（四）国外新型电子材料研究领域投资规模不断扩大 … 61

**第四章　国外微系统发展现状** ……………………………………… 63

一、先进处理器前沿技术在硬件研制和可行性架构开发
　　方面进步明显 ……………………………………………… 64

（一）美国研制出世界首个集成硅光子学神经网络硬件 … 64

（二）澳大利亚推出世界首个硅基互补金属氧化物半导体
　　　量子计算芯片可行性架构 ………………………… 68

二、下一代存储器前沿技术发展聚焦国防军事应用和高性能
　　计算等领域 ………………………………………………… 74

（一）美国开发出新型三维微型数字射频存储器 …… 74

（二）波兰开发出世界首个基于化学反应原理的信息存储
　　　单元"化学比特" …………………………………… 79

（三）美国与 IMEC 合作研发电阻式随机存取存储器
工艺 ……………………………………………… 80

（四）三星 96 层第五代 NAND 存储器芯片实现量产 …… 81

三、宽禁带半导体器件前沿技术在异构集成代工工艺和晶体
管器件制造领域获得突破 ………………………………… 82

（一）美国磷化铟和氮化镓射频裸芯片与硅互补金属氧化物
半导体晶圆异构集成达到代工水平 …………………… 82

（二）日本成功研制出全球首个金刚石基金属氧化物半导体
场效应晶体管 …………………………………………… 85

（三）美国开发出基于下一代电力电子半导体材料氧化镓
全新耗尽/增强型场效应晶体管 ……………………… 87

四、新材料器件前沿技术在二维材料生长和先进器件开发等
方向成果显著 ……………………………………………… 88

（一）美国开发出二硫化钼二维材料多端子忆阻晶体管 …… 88

（二）美国开发出基于石墨烯的远程外延技术 …………… 91

（三）美国 IBM 公司制造出先进碳纳米管 p 沟道晶体管 … 93

五、特种功能器件前沿技术有望获得大规模推广和应用 …… 93

（一）新型可自愈封闭式相变存储器问世 ……………… 93

（二）美国范德堡大学开发出可自分解电路板 …………… 96

第五章　国内微系统发展情况 ……………………………… 97

一、发展现状 ……………………………………………… 98

（一）我国出台促进微系统产业发展的规划 …………… 98

（二）我国企业突破微系统多项关键技术 ……………… 100

（三）国内企业在部分微系统领域实现赶超 …………… 102

（四）国内企业积极开拓微系统新应用领域 …………… 102

二、国内微系统主要企业 ………………………………… 104

（一）中星测控：研发实力雄厚 ………………………… 104

（二）敏芯微电子：具有独特技术 ……………………… 104

（三）歌尔声学：高成长潜力仍存 ……………………… 105

（四）瑞声科技：保持稳健发展 ……… 105

（五）青鸟元芯：老牌厂商蓄力待发 ……… 105

（六）深迪半导体：专注于陀螺仪的新秀 ……… 106

（七）金山科技：数字化医疗设备龙头 ……… 106

（八）宝鸡秦明：军工生产背景延续到商用 ……… 107

（九）昆仑海岸：乘政策东风或发展利好 ……… 107

第六章　微系统技术典型应用 ……… 109

一、战场感知与控制 ……… 112

（一）远程监视战场感知传感器系统 ……… 112

（二）微量化学品探测器 ……… 114

（三）微流动控制 ……… 115

（四）健康与使用状态监控 ……… 118

二、惯性导航测量 ……… 119

（一）MEMS IMU 相关部件 ……… 119

（二）基于微系统的飞机姿态与航向指示系统 ……… 122

三、微型飞行器 ……… 124

（一）昆虫飞行器 ……… 126

（二）混合昆虫微机电计划 ……… 127

四、军用射频组件 ……… 129

（一）射频 MEMS 开关 ……… 130

（二）射频 MEMS 传感与通信微组件 ……… 130

五、变形反射镜和车载雷达 ……… 132

（一）变形反射镜 ……… 132

（二）车载激光雷达 ……… 133

六、微纳卫星及其推进器 ……… 134

（一）手机卫星 ……… 134

（二）新型超小马达 ……… 135

（三）小型推进器 ……… 136

七、新型光电集成芯片 ……… 137

（一）二维光学相控阵列芯片 …………………… 137

（二）太赫兹成像微芯片 ………………………… 137

八、消费微系统领域 ……………………………… 139

（一）微传感器提高汽车安全性 ………………… 140

（二）微系统芯片提高电子产品能力 …………… 141

九、医疗微系统领域 ……………………………… 142

第七章　结束语 …………………………………… 147

# 第一章
# 微系统概述

近年来，美国等发达国家不断发展微系统技术，并重点在微感知、微处理、微控制、微传输、微对抗、微集成等方面进行研究，获得了大量研究成果。我国也在微系统研究领域奋起直追，部分微系统技术达到或领先世界平均水平。

## 一、认识微系统

### (一) 什么是系统?

在了解微系统之前,我们首先了解一下系统。

系统可大可小,可复杂可简单。银河系是一个系统,太阳系是一个系统,地球是一个系统,宇宙飞船是一个系统,卫星是一个系统,有效载荷是一个系统,一块 PCB(印制电路板)是一个系统,一颗 SiP(系统封装)是一个系统,一颗 SoC(系统芯片)也是一个系统。

系统是指能够完成一种或者几种功能的组合在一起的结构,是指将零散的东西进行有序的整理、编排形成的整体,是由相互作用相互依赖的若干组成部分结合而成、具有特定功能的有机整体,而且这个有机整体又是更大系统的组成部分。

系统主要有以下六大特征:

1. 集合性

系统由两个或两个以上可以相互区别的要素组成,单个要素不能构成系统。

2. 相关性

系统内每一要素相互依存、相互制约、相互作用而形成了一个相互关联的整体,某个要素发生了变化,其他要素也随之变化,并引起系统变化。

3. 目的性

系统都具有明确目的,即系统表现出具有某种特定功能。这种目的必须是系统的整体目的,不是构成系统要素或子系统的局部目的。通常情况下,一个系统可能有多重目的。

4. 层次性

一个复杂的系统由多个子系统组成，子系统可能又分成多个更小的子系统，而这个系统本身又是一个更大系统的组成部分，系统是有层次的。系统的结构与功能都是指的相应层次上的结构与功能，而不能代表高层次和低层次上的结构与功能。

5. 环境适应性

系统具有随外部环境变化相应进行自我调节以适应新环境的能力。系统必须在环境变化时，对自身功能做出相应调整。没有环境适应性的系统，是没有生命力的。

6. 动态性

系统的生命周期体现出系统本身也处在孕育、产生、发展、衰退、湮灭的变化过程中。比如一颗芯片，存在产品构思、规划、设计、生产、测试、推广、应用、更新换代等过程。

### (二) 什么是微系统?

微系统通常是指在很小的尺度内实现的系统，这个尺度通常是指一个芯片内部或者封装的内部。

具体而言，微系统是以微纳尺度理论为支撑，以微纳制造及工艺等为基础，发展并不断融入微机械、微电子、微光学、微能源、微流动等各种技术，具有微感知、微处理、微控制、微传输、微对抗等功能，并通过功能模块的集成，实现单一或多类用途的综合性前沿技术（图 1-1）。

美国国防部高级研究计划局微系统办公室（DARPA MTO）将微系统定义为在微电子、微机械、微光学等基础上把传感器、驱动器、执行器和信号处理器等集成在一起的具有一种或多种功能的装置。

美国微系统办公室提出的微系统概念得到了各国家、各领域的普遍接受。它提出微系统的"2 个 100"目标，即探测能力、带宽、

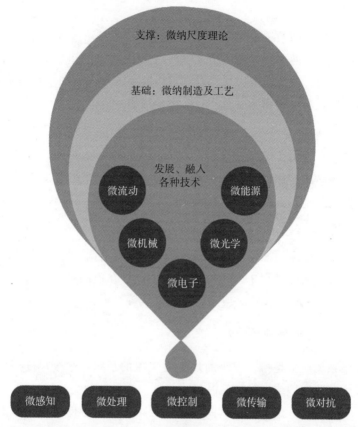

图 1-1    微系统是一种可以通过功能模块的集成,实现单一或多类用途的
综合性前沿技术

速度比目前的电子系统提高 100 倍以上,结构进一步微型化和低功
耗化,体积、重量和功耗下降至目前电子系统的 1/1 000～1/100
(图 1-2)。

微系统的概念是逐步演进的,大致可分为四个阶段:第一阶段
设立项目,推动主要类别元器件发展;第二阶段提出微系统,明确
集成化发展趋势;第三阶段明确概念,突出不同器件间的集成;第
四阶段升级概念,凸显平台化意义(图 1-3)。

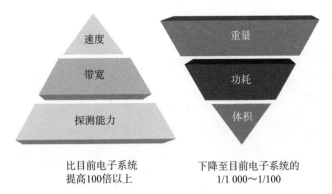

比目前电子系统
提高100倍以上

下降至目前电子系统的
1/1 000～1/100

图 1-2 美国提出微系统的"2 个 100"目标

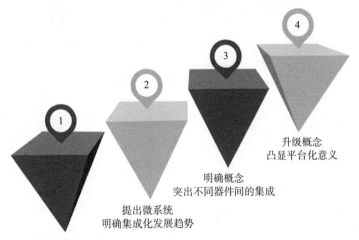

升级概念
凸显平台化意义

明确概念
突出不同器件间的集成

提出微系统
明确集成化发展趋势

设立项目
推动主要类别元器件发展

图 1-3 微系统的概念演进大致可分为四个阶段

与传统集成电路对比可以发现，集成电路实现的主要是计算、信号处理、信号存储等单一功能，微系统是在智能体系构架下的多功能（信号感知、信号处理、信令执行、通信和电源）集成的形态，将从器件芯片级异构演进到基于器件材料异构的多器件集成芯片，最终发展成类似系统级芯片，具备跨域应用能力的智能信息处理平台芯片（图1-4）。

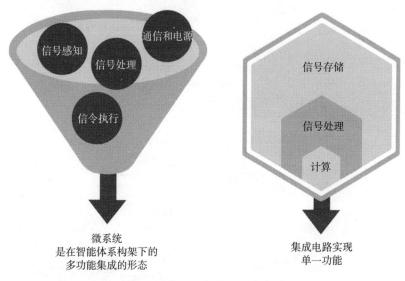

图1-4　微系统与传统集成电路的对比

　　微系统只有采用传统组装技术的系统体积的百分之一，而性能却提高一百倍，因此赋予了信息系统在传感、处理、通信、能源和执行等方面的新能力，并符合信息、系统在新兴应用方面小尺寸、低成本、高性能的需求。

　　根据微系统的定义，微系统技术主要包括元器件技术、集成技术、智能软件和架构技术四部分。根据技术出现时间的不同，微系统技术可划分为"元器件自身技术持续发展""异质和异构集成技术成为主要路径""智能化算法和架构技术提高系统效率"三个阶段。但由于技术自身仍在不断演进，各个阶段的主要技术处于并行发展态势。

　　当前，微系统技术正在向从平面集成到三维集成、从微机电/微光电集成到异质混合集成、从结构/电气一体化集成到多功能一体化集成等方向发展，并正与生命科学、量子技术、微纳前沿交织融合。微系统相关产品也正从芯片级、组部件级向复杂程度更高的系统级

（微型飞行器、片上实验室等）发展，成为聚集前沿科技创新发展的重要领域（图1-5）。

图1-5　微系统技术的特点及应用领域

微系统技术从微观角度出发，融合微电子、微光子、MEMS、架构、算法五大要素，采用新的设计思想、设计方法、制造方法，在微纳尺度上，通过3D异质/异构集成手段，可以实现具备信号感知、信号处理、信令执行和赋能等多功能的微型化系统。基础是微电子、光电子、MEMS等先进芯片技术；核心是体系架构和算法（图1-6）。

可以说，微系统是一项多学科交叉的新兴技术，在信息、生物、航天、军事等领域具有广泛的应用前景，是一种赋予未来的能力，对于国家保持技术领先优势具有重要意义。

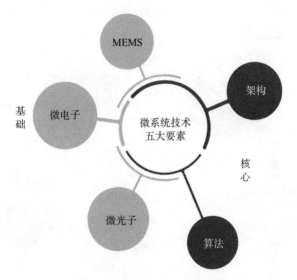

图 1-6　从微观角度看，微系统技术有五大要素

# 二、微系统的发展背景和需求

## （一）发展背景

集成电路自 1958 年诞生后，到 20 世纪 70 年代互补金属氧化物半导体（CMOS）集成电路进入大规模集成电路发展阶段，其特征尺寸达到微米量级，微电子技术应运而生。

20 世纪 80 年代后期基于 CMOS 的二维工艺开发出硅基的三维加工工艺，实现了芯片上包含微电路的精致的微型机械系统，如微型电动机、谐振器等。美国国防部高级研究计划局（DARPA）据此提出微电子机械系统的新概念，日本将其称为微机械，欧洲则将其称为微系统技术。

20 世纪 90 年代初，微电子发展到超大规模集成电路阶段，单芯片上的晶体管数达几百万，可将 32 位 CPU、内存控制器、寄存器和总线接口电路集成在一个芯片上，标志着芯片上系统（SoC）时代的开始。

进入 21 世纪，微电子的特征尺寸达到 90 nm，与固体电子的德布罗意波长相当，微电子跨入了纳米加工的时代。

一方面，更小的特征尺寸可进一步提高 CMOS 的性能，另一方面，二维集成的芯片电路构架随着尺寸按比例缩小规律，在未来系统应用中将会遇到热耗散、互连电容、时钟同步和设计验证等限制。

针对 CMOS 二维集成电路的不足，2004 年 DARPA 提出了集成微系统这个新概念，并将其称为基础技术的革命。

集成微系统的提出迅速引起全球半导体界的响应，在 2006 年国际半导体发展路线图中，业界提出集成电路发展的两条路线：一是继续按照摩尔定律以比例缩小尺寸发展，特征尺寸以 0.7 的比例依次从 90 nm、65 nm、45 nm、32 nm、22 nm、14 nm，发展到 2016 年的 10 nm；二是按功能集成的超越摩尔定律的路线发展微系统。

## （二）发展需求

在军事需求、摩尔定律所表征的微缩能力发展趋缓，以及各主要器件技术充分成熟的背景下，以功能集成为核心内容的微系统成为未来信息系统的自然选择。

进入 21 世纪，以中央处理器（CPU）为代表的硅集成电路由于硅材料本身的性能所限、微缩能力受限，发展速度已不如 20 世纪后期，摩尔定律的同步标准也趋缓，业界开始进入后摩尔时代。

基于应用面对微电子器件的多功能综合能力、超大数据量处理能力、更低单项功能成本等要求，后摩尔时代的技术发展出现了两个垂直方向：以更多新型器件实现独特功能和性能为主要内容的超越摩尔，以持续微缩为核心内容的延续摩尔（图 1 - 7）。

介于这两个方向之间的是融合两种技术方向、以功能集成和系统集成为核心技术内涵的系统封装（SiP）和系统级芯片（SoC）技术，SiP 和 SoC 的更高级形式即是微系统。

持续发展的微电子技术已经具备了使微系统成为现实的能力，

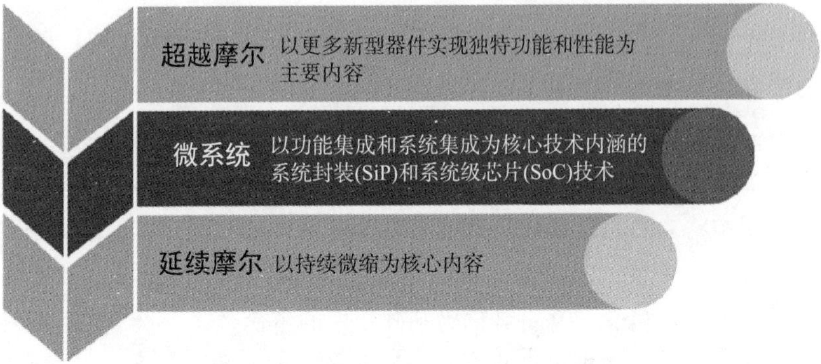

超越摩尔　以更多新型器件实现独特功能和性能为主要内容

微系统　以功能集成和系统集成为核心技术内涵的系统封装(SiP)和系统级芯片(SoC)技术

延续摩尔　以持续微缩为核心内容

图 1-7　微系统与后摩尔时代技术

微电子集成技术已可将各种不同微电子器件集成起来，实现微系统功能；另一方面，微电子技术的发展已经出现了这样的局面，在不同功能领域，都有既具备独特功能又较为成熟的微电子器件。硅器件在计算和存储方面、氮化镓器件在高频大功率信号放大方面、砷化镓在高频信号处理方面、磷化铟器件在超高速信号转换方面、微电子机械系统（MEMS）在高灵敏度信号感知方面等，这些正是微系统实现广谱信号获取和处理所必须集成的器件。

化合物半导体器件的发展也呈现出加速态势，砷化镓、氮化镓、磷化铟、碳化硅等器件在各自的应用领域表现出独特的、突出的功能，MEMS 器件亦如此。这些器件一方面填补了硅器件能力不及的领域，另一方面具备了硅器件所不具备和不及的实现微系统的独特功能和突出性能。因此，在系统层面上用微电子工艺集成这些各具独特功能的器件，以实现多功能集成，是微系统的自然选择。

## 三、微系统的分类

从微系统的功能特点来看，可将微系统分为以下几类。

**（一）信息处理微系统**

信息处理微系统是信息处理组件的二次集成系统，依托于 TSV 3D 微纳集成技术，有机地实现信息处理系统的软硬件超高密度集成。具备超大容量的存储能力、超强的计算能力、超高的数据并行吞吐能力、完善的用户软件开发环境。

**（二）导航微系统**

导航微系统是基于 3D－WLP、3D－TSV、三维堆叠等先进封装制造技术将硅基惯性器件、微型气压计、微型磁强计及卫导芯片等微型导航器件进行微尺度的集成，输出位置、速度、姿态、角速率及加速度等导航信息，形成适用于宇航领域空、天飞行器的微型化导航部件。

**（三）射频微系统**

射频微系统是采用三维射频系统微组装与封装技术，对波段数模混合射频微系统模块的三维高密度组装，通过使用容阻埋置技术、裸芯片高密度组装技术、倒装技术和多层基板布线技术及基于三维结构的微信号传输阻抗匹配技术将滤波器、耦合器、开关、可变电容、电感谐振腔等三维高密度组装，使得组装的样品在保持原有功能不变的情况下，体积大大减小，重量大大减轻。

**（四）光电微系统**

光电微系统是采用微系统集成工艺，对微光学器件、光波导器件、半导体激光器件、光电检测器件、红外模组、信号处理等进行二次集成，采用晶圆级真空封装技术、立体集成技术等，将现有的光电系统体积、重量、功耗大幅降低，系统性能大幅提升。

# | 第二章 |
## 微系统关键技术

20 世纪 60 年代以来，微系统技术经历了从微器件的设想到微压力传感器的问世，逐步实现技术突破和制造工艺的改进，至今进入集成技术大力发展阶段，在信息、生物、航天、军事等领域已有广泛应用。

　　微系统相关技术在政府推动和市场牵引的共同作用下，发展迅速。微电子、光电子、微机电系统、微能源、集成技术、算法与架构、散热等微系统的关键技术都取得了多项重要进展（图 2-1）。

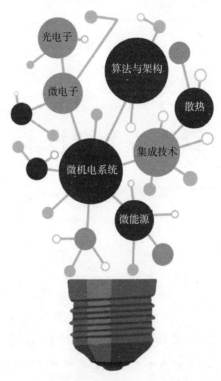

图 2-1　微系统的几大关键技术

　　美国等发达国家在 20 世纪末已将微系统技术列为现代前沿核心技术，并纳入国防科技攻关计划（图 2-2、图 2-3），掌握微系统技术对于国家保持技术领先优势具有重要意义。微系统技术如今也受到我国各部门、相关高校和科研机构的高度重视和大力支持，深入研究势在必行。

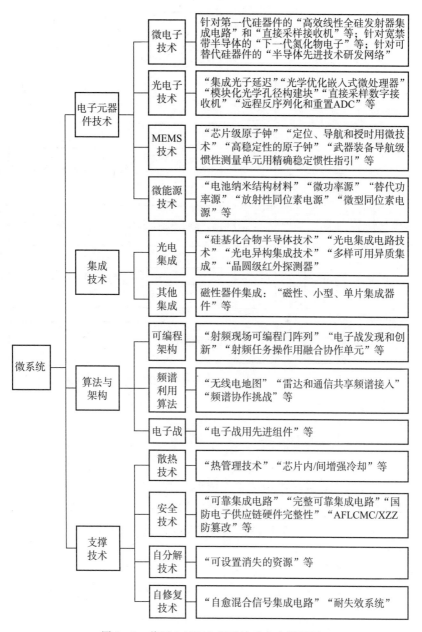

图 2-2　美国 DARPA 微系统重点在研课题

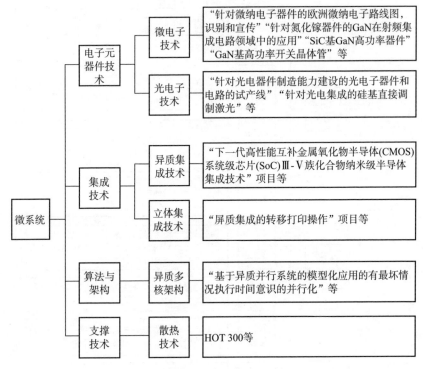

图 2-3　欧洲微系统重点在研课题

# 一、微系统相关电子元器件技术

微系统元器件呈现出两个方向的发展特点：一是各类电子元器件自身持续向小型化、集成化发展；二是集成了微电子器件和光电子器件优势的光电集成器件发展需求迫切，发展迅速。

## （一）微电子技术

微电子器件主要分为第一代硅基器件、第二代化合物半导体器件、宽禁带半导体，以及可替代硅的各种新材料器件等几个方面。

1. 超高速模数转换器

模数转换器（ADC）是连接模拟信号和数字信号的桥梁，是现代数字社会不可或缺的重要组成部分（图 2-4）。随着模数转换器采样速度的不断提高，越来越多的复杂功能得以实现，例如医学影像、60 GHz 无线通信和认知雷达等。现代军事战略中，战场无线电系统要求覆盖一系列频率、多种波形、可快速软件设置和高动态射频环境等。

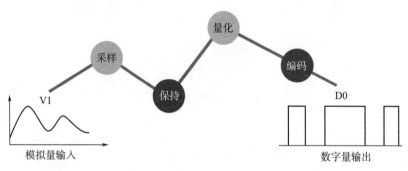

图 2-4　模数转换包括采样、保持、量化和编码四个过程

软件无线电（SDR）是指在无线电通信系统中用软件来替代硬件，以提供更高的灵活性和安全性。理想的软件无线电架构是将高性能模数转换器直接接到天线，将滤波器、解调器等传统射频信号处理器件的功能数字化，这样频率和带宽就可由软件来动态控制，实现系统灵活性和可重置性的最大化。

软件无线电是军用无线电现阶段发展的重点，既可通过实现可重置的通用型全双工无线电系统，满足多平台使用，还可同时监控多个频率，满足无人机等军用系统对回声和干扰威胁检测的需求。电子战系统用来识别和应对电子威胁，如监控和跟踪雷达系统等。发现来自未知信号的威胁需接收机工作在非常宽频率范围，如传统的电子战系统就要求工作在 20 GHz 频率范围内，而模数转换器是实现该能力的重要因素之一。

现在的模数转换器一次只能处理有限频谱范围内的信号，有可能忽略雷达、干扰、通信和其他有问题的电磁频谱信号。

随着电磁频谱竞争日趋激烈，美国国防部希望能将模数转换器尽可能靠近天线，以提高系统的性能，并降低开发成本，如图 2 - 5 所示。因此，急需开发超高速模数转换器满足军用软件无线电、雷达、电子战等的需求。

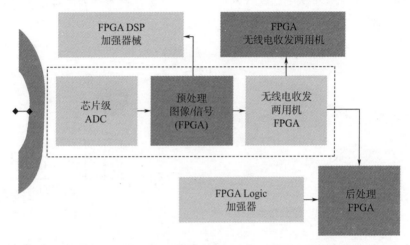

图 2 - 5　新型射频系统中 ADC 尽可能靠近发射/接收端

2016 年 1 月中旬，DARPA "商用时标阵列"（ACT）取得重大进展，开发出可进行超高速模拟-数字信号转换的 ADC，采样速率达到前所未有的 600 亿次/s，是现有商用 ADC 的 10 倍，足以探测和分析 30 GHz 及以下频谱内的任何信号，基本覆盖现有雷达、通信和电子战等武器装备的工作频段，将显著提升士兵在战场上的态势感知能力。

该 ADC 可提供一站式信号处理能力，克服现有 ADC 仅能对一小段频谱进行转换的缺陷，改变以往只能针对特定频段进行高成本、长时间定制开发的局面，避免对任何企图进行干扰或者其他通信的雷达数据的遗漏，以及提高对频谱威胁的反应速度，保证基于频谱的武器装备在复杂竞争性电磁环境中正常运转。

该 ADC 在带来惊人采样率的同时，也对数据处理能力提出巨大挑战。ADC 中采样部分采样产生的数据量高达 1 Tbit/s，意味着耗能巨大，以及 ADC 中的数字信号处理能力也需达到同样量级，并可通过对数据量的有效降级，使之与相邻电子器件的数据处理能力相匹配，从而进一步对设计和制造工艺提出苛刻要求。

该 ADC 由已获美国国防部可信认证的格罗方德 32 nm 绝缘体上硅（SOI）先进工艺制造，在满足功耗要求的情况下达到所需数据转换能力。该 ADC 下一步计划使用格罗方德最新的 14 nm 工艺，使功耗降低 50%，体积和质量更小，采样精度更高。

ACT 项目经理特洛伊·奥尔森表示，由于美国国防部与先进代工厂间的长期合作，武器装备不断从半导体器件技术发展中获益。此次技术突破正是源于项目执行者、创新设计和先进制造工艺间的通力合作，目前的结果非常接近预期。

2. 磁阻随机存储器

磁阻随机存储器（MRAM）根据在不同磁化方向表现的磁阻高低来记录 0 和 1，兼具静态随机存取存储器（SRAM）的高读写速度、动态随机存取存储器（DRAM）的高集成度和闪存的非易失性，具备成为通用存储器的潜力，还有功耗低、寿命长和抗辐射能力强等优点，军事应用潜力巨大，美国 DARPA、欧盟都设立了专门项目推动 MRAM 的发展（图 2-6）。

存储芯片的大致分类如图 2-7 所示。

2016 年 1 月，美国 Cobham 半导体公司宣布其非易失性存储器产品 UT8MR8M8 和 UT8MR2M8 获得合格供应商目录 V 级抗辐射认证，满足宇航应用需求。

该产品工作电压为 3 V，工作温度为 -40~105 ℃，抗辐射能力为 0.1~1 Mrad，SEL 效应大于 100 MeV·cm$^2$/mg，数据存储时长大于 20 年，可进行无限次数据读写，可替代 3.3V SRAM，适用于需高速反复读写的存储器应用领域。

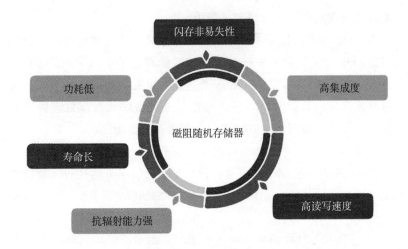

图 2-6　磁阻随机存储器的特点

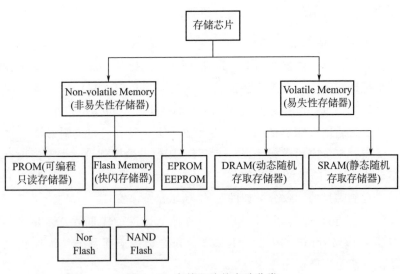

图 2-7　存储芯片的大致分类

3. 高效线性全硅发射机集成电路（ELASTx）

由于硅材料器件所能耐受的击穿电压较低，毫米波功率放大器多采用以砷化镓、氮化镓为代表的化合物半导体材料，限制了系统集成度，也无法兼顾线性度和能效要求（图2-8）。

DARPA在2010年启动了ELASTx项目，希望使用先进的硅工艺，研制出具有高功率、高能效和高线性度的单芯片毫米波发射机集成电路。

2013年，ELASTx团队采用多层堆叠45 nm绝缘体上硅CMOS工艺制造出硅基功率放大器，在45 GHz输出功率达到0.5 W；采用0.13 μm硅锗双极CMOS工艺制作出硅基功率放大器，在42 GHz输出功率达到0.7 W。为提高输出功率，两种方式均使用了多级功率放大结构和片上多路功率合成技术。

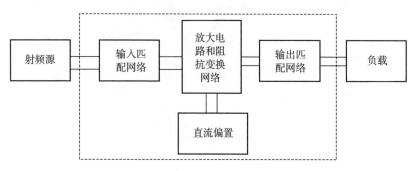

图2-8 功率放大器的电结构示意图

2014年，ELASTx团队又研制出首个可工作在94 GHz的全硅单片集成信号发射机SoC，将原本由多个电路板、单独的金属屏蔽装置和多条输入/输出连线组成的发射机集成到了一个只有半个拇指指甲盖大小的硅芯片上，实现了硅基射频器件输出功率的大幅提升，以及硅数字信号器件和射频器件的单片集成（图2-9）。

此项技术突破有望为未来军用射频系统提供新的设计架构，使下一代军用射频系统体积更小、质量更轻、成本更低、功能更强。

4. 氮化镓器件

氮化镓器件具有功率高、体积小、质量轻等显著优势，已在雷达、通信、电子对抗等军事装备和商业市场广泛应用。

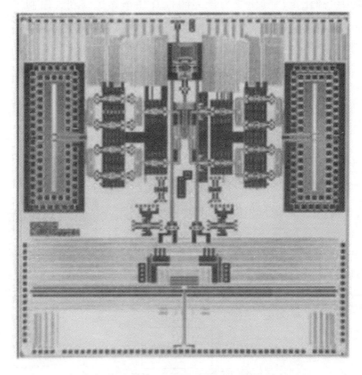

图 2 - 9　　DARPA 94 GHz 全硅片上系统发射机

　　2016 年 3 月，美国 Navitas 公司采用"Al - GaN"工艺设计出
650 V 单片集成氮化镓功率场效应晶体管，以及氮化镓逻辑和驱动
电路，其开关频率达到现有硅基电路的 10～100 倍，带来更小、更
轻和更低成本、更低功率的电子器件。典型的 GaN 射频器件的加工
工艺主要包括：外延生长—器件隔离—欧姆接触（制作源极、漏
极）—氮化物钝化—栅极制作—场板制作—衬底减薄—衬底通孔等
环节（图 2 - 10）。

　　2016 年 4 月，美国 Wolfspeed 公司宣布其碳化硅基氮化镓射频
功率晶体管完成性能测试，符合美国 NASA 卫星和宇航系统所需的
可靠性标准。

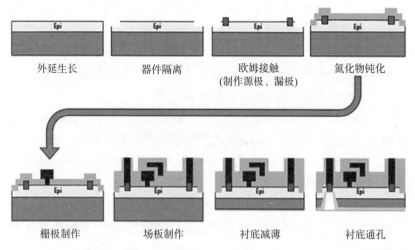

外延生长　　　器件隔离　　　欧姆接触　　　　氮化物钝化
　　　　　　　　　　　　　　(制作源极、漏极)

栅极制作　　　场板制作　　　衬底减薄　　　　衬底通孔

图 2-10　典型的 GaN 射频器件的加工工艺

#### 5. 硅可替代材料

在硅可替代材料方面,石墨烯一度被认为是最有可能替代硅的材料,一方面石墨烯大面积制造工艺尚未突破,另一方面石墨烯没有带隙,限制了在高速数字集成电路中的应用(图 2-11)。

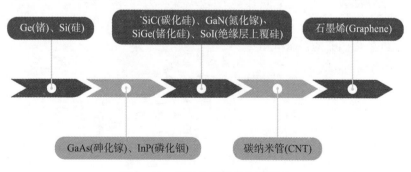

图 2-11　半导体材料的发展变迁

为此,当前的研究方向一是如何为石墨烯注入带隙;二是研究其他可替代硅的材料,如氧化镓、黑砷磷等。

2014 年 5 月，美国空军研究实验室发布合同声明，指出 β-Ga₂O₃ 禁带宽度达到 4.8 eV，击穿场强达到 8 MV/cm，大约是碳化硅和氮化镓的 2～3 倍，有望为雷达、电子战和通信系统的一系列军用射频和开关器件带来成本、体积、重量和性能方面的变革，而实现这一切的核心是实现 β-Ga₂O₃ 衬底。

2016 年 3 月，美国 Kyma 公司和空军研究实验室联合研制出在商用 β-Ga₂O₃ 衬底体上同质生长外延层的新工艺技术。

2016 年 6 月，在美国能源部科学办公室和基础能源科学办公室、能源部科学用户设施实验室、美国陆军研究实验室武器和材料司令部的支持下，美国密歇根理工大学的研究人员实现了石墨烯薄片和氮化硼纳米管两种材料间的无缝连接，所形成的异质结体现出开关行为特征。

### （二）光电子器件技术

由于电传输在功耗和速度上面临多重限制，光传输成为持续发展的重点研究领域，其中光电器件小型化和光电集成是发展重点。

2013 年，欧洲发起了欧洲光电子公私合作计划，强化欧洲在光电子领域的领导地位，该计划于 2016 年 2 月得到欧盟 3 500 万欧元的支持，用于建造 3 条光电子器件和电路的试产线，目标是满足对中红外传感器的需求（图 2-12）。

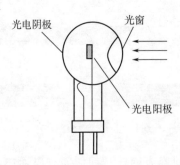

图 2-12　光电管的结构示意图

2015 年 12 月，DARPA 发布模块化光学孔径构建块（MOABB）项目，寻求开发采用自由空间光学技术的轻小型光电传感器，达到超小尺寸、超低重量和成本，远快于现有扫描速度的要求（图 2-13）。

透过型

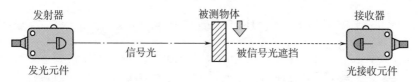

发射器和接收器处于被测物体两端，可以分离分装，也有一体的，如小型的凹槽型光电传感器。物体进入发射器和接收器之间时，光线会被遮挡，此时检测电路输出。

反射型

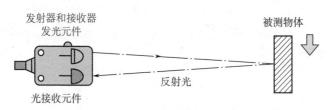

发射器和接收器一体。光线经物体反射回接收器时，检测电路输出。

回归反射型

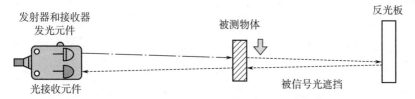

和反射型不一样的是需要额外的反光板，被测物体处于传感器和反光板之间时，光线被遮挡，此时检测电路输出。

图 2-13　光电传感器的主要结构类型

为了实现光电集成，DARPA 开展了光学优化嵌入式微处理器
（POEM）项目和嵌入式计算技术能量效率革命（PERFECT）项目；
欧盟也于 2016 年 2 月启动硅基直接调制激光（DEMENSION）项
目，建立一个真正的单片光电集成平台，实现在硅芯片上制造有源
激光组件。

## （三）微机电系统（MEMS）器件技术

MEMS 器件技术一是研究能使传统机械结构小型化的技术，二
是探索在真空电子器件中的应用，通过实现传统真空器件组成部分
的小型化形成微真空器件。

MEMS 器件技术的设计、制造、应用等涉及自然科学及工程技术
的多个领域，如电子、机械、物理、化学、生物医学、材料、力学、
能源等，是多个学科交叉的前沿性研究领域。MEMS 的应用领域则更
加广泛，几乎所有的学科领域都可以应用和发展自己的微系统。

由于 MEMS 的多样性和复杂性，一般来说，MEMS 具有以下
共同特点（图 2 - 14）。

### 1. 结构尺寸微小

MEMS 的尺寸一般在微米到毫米量级，如 ADXL202 加速度传
感器和微发动机的结构尺寸在一百至几百微米，而单分子操作器件
的局部尺寸仅在微米甚至纳米量级。但是如此一来，器件的相对尺
寸误差和间隙会比较大。

### 2. 微电子集成

MEMS 的特点之一是可以将机械传感器、执行器与处理电路及
控制电路同时集成在同一块芯片上（图 2 - 15）。这种集成方式称为
单片集成，其促使了多种 MEMS 产品商业化，如加速度传感器、数
字光处理器以及喷墨头。对于汽车加速度传感器而言，与纯机械加
速度传感器相比，单片集成使得 MEMS 传感器具有重要的商业化优
点，通过减小信号传输的距离和噪声，系统集成提高了信号质量。

图 2 - 14　MEMS 的五大共同特点

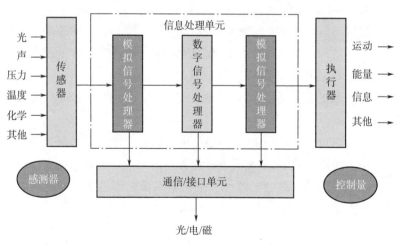

图 2 - 15　MEMS 结构模型

### 3. 基于微加工技术制造

MEMS 起源于 IC 制造技术,大量利用 IC 制造方法,力求与 IC 制造技术兼容。但是,由于 MEMS 的多样性,其制造过程引入了多种方法。这些新方法的不断引入,使 MEMS 制造与 IC 制造的差别越来越大。

### 4. 高精度批量制造

MEMS 加工技术可以高精度地加工二维、三维微结构,而采用传统的机械加工技术不能重复地、高效率地或者低成本地加工这些微结构。结合光刻技术、MEMS 技术可以加工独特的三维结构,如倒金字塔状的空腔、高深宽比的沟道、穿透衬底的孔、悬臂梁和薄膜。采用传统的机械加工和制造技术制造这些结构难度大、效率低;现代光刻系统和光刻技术可以很好地定义结构,具有良好的整片工艺的一致性,且其批量制造的重复性也非常好。

### 5. 多能量域系统

能量与信息的交换和控制是 MEMS 的主要功能。由于集成了传感器、微结构、微执行器和信息处理电路,MEMS 具有了感知和控制外部机构的能力,能够实现微观尺度下电、机械、热、磁、光、生化等领域的测量和控制。例如,打印机喷头将电能转换为机械能等。

2013 年 11 月,美国 DARPA "太赫兹电子学" 项目研究人员在诺·格公司研制的 1 cm 宽行波真空管基础上,通过采用微真空电子器件的设计思路、微电子器件和微机电系统的制造工艺和材料,研制出世界上首个可工作在 0.85 THz 的真空管放大器。

### (四) 微能源器件技术

2016 年 6 月,爱尔兰延德尔国家研究院技术研究中心结合微纳加工工艺和新研究出的混合纳米材料,研究出能与硅基微电子器件单片集成的微型超级电容器,具备超高能量和集成度等优势,电容密度值最高达到 15 F/cm$^3$，能量密度最高达到 1.3 mW·h/cm$^3$，功率密度最高达到 214 W/cm$^3$。

## 二、集成技术

微集成技术正在由平面集成向三维集成发展，由芯片级向集成度和复杂度更高的系统级发展。微集成技术的成熟将带动具备传感、处理、控制等多种功能的微系统快速发展，在大幅提升性能的同时，实现能耗和体积降低至数百分之一至数十分之一。

美国国防部在 20 世纪 90 年代末率先提出采用异构集成技术将微电子器件、光电子器件和 MEMS 器件整合在一起，开发芯片级集成微系统的概念，至此开始三维集成系统的研究。

三维集成系统通常采用先进的基于硅过孔（TSV）技术，把 RF 前端、信号处理、数据存储、传感、控制甚至能量源等多种功能垂直堆叠在一起，以达到缩小尺寸、提高密度、改善层间互联、提高系统功能的目的，从而使武器系统实现多功能和小型化。

根据国际半导体技术路线图，三维集成技术是未来关键发展技术之一，是克服由信号延迟导致的"布线危机"的关键技术解决方案。

随着电子产品不断向小型化、轻重量和多功能方向的推进，经过多年发展，三维集成技术逐渐形成了两大主流趋势：三维单片集成和三维封装技术，它们分别发展成为 IC 芯片领域和 IC 封装领域的领先型技术（图 2-16）。

2011 年，DARPA 启动"电子-光子混杂集成"（E-PHI）计划，目标是将高速电子直接与芯片级的光子微系统集成到一个微型硅芯片上，2014 年该项目成功地在硅片上集成数十亿个发光点，发出有效的硅基激光。

2016 年 3 月，IMEC 公司在 OFC 上展示了基于晶圆级集成硅光电平台（iSiPP）上的多种硅光电集成器件的发展，可有效支持

图 2 - 16　微集成技术的发展趋势和影响

50 Gbit/s 不归零（NRZ）通路数据速率通信的发展，满足高密度、宽带宽、低功耗远程通信和数据通信收发机以及激光雷达等传感器低成本、大批量应用需求，成为高速硅光电集成器件发展史上的又一重要里程碑。

## 三、算法与架构

随着元器件技术向系统方向发展，系统架构和算法所占的比重日益增加，成为微系统技术发展的重点，重要体现在数据融合、智能自主、提高频谱利用率等方面。

多传感器数据融合可有效提升整个传感器系统信息的有效度，比如 F - 35 战斗机的全传感器融合系统能够利用所有机载传感器的信息生成一体化作战图，并通过安全数据链与其他飞行员及指控中心自动共享。美国国防部从算法和硬件两方面加强信息的自主处理能力。

算法方面，DARPA 自 2008 年起开展了"视频信号和图像搜索分析工具（VIRAT）"项目和"持久监视开发和分析系统（PerSEAS）"项目，启动了对海量视频检索技术的研究，并于 2014 年发布了"拒止环境下的协同作战（CODE）"项目，开发高级协同自治算法和软件，使现有无人机平台能在拒止环境下有效运作。

硬件方面，DARPA 于 2008 年启动为期 6 年的"神经形态自适应可塑电子系统（SyNAPSE）"项目，2013 年启动为期 4 年的"传感与分析用稀疏自适应局部学习"项目，开发可在大小、处理速度和能耗方面与真实大脑媲美的神经形态芯片。

2016 年 2 月，麻省理工学院在 DARPA 支持下研制出以神经网络形态为架构的可进行深度学习的芯片 Eyeriss，效能是普通移动处理器的 10 倍，可在不联网的情况下执行人脸辨别等功能。

## 四、热管理技术

随着电子元器件尺寸不断缩小、集成度逐步提高和功能日益复杂，芯片单位面积内产生的热量急剧增加，这已成为制约电子元器件发展的重要因素。

传统的将热量导出再使用空气冷却的远程散热方式已无法满足要求，限制了器件集成度的进一步提升，导致先进计算机、雷达、激光器、功率源等军用装备中热管理部分所占体积和重量持续上升。

为了解决热管理技术的瓶颈问题，满足未来电子元器件对体积、重量和功耗的要求，以美国 DARPA 为代表的国防机构和企业积极开展散热技术的研究。

1998 年启动"热集成电路的热移除"（HERETIIC）项目。2005 年启动"器件级尺度的电子设备热移除技术"（THREADS）项目。2008 年启动"热管理技术"（TMT）项目群，引入新型纳米结构、材料和先进冷却技术降低热传输环节上的热阻。该项目包含微型半导体制冷器（ACM）、微型主动式散热器（MACE）、高热导率交换器（TGP）、超低热阻热界面材料（NTI）和芯片级液冷微流道（NJTT）（图 2-17）。其中芯片级液冷微流道是研究的重点，也是热管理技术由器件外部转向内部的分水岭。

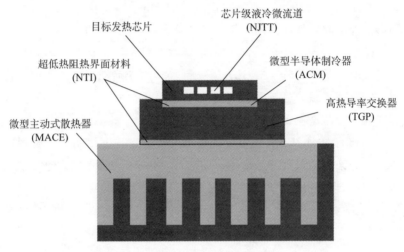

图 2-17　热管理技术

为了进一步加强芯片内部散热技术的研究，DARPA 在 2012 年 6 月发布 ICECool 项目公告，旨在研发芯片级热管理技术，实现现有技术的 1/10 热阻。该项目包括基础研究（ICECool Fun）和应用研究（ICECool Apps）两部分。项目开发可将微通道直接嵌入芯片或封装体中的微细加工技术，在纳米尺度实现对流或蒸发等微冷却技术，使电子元器件具备芯片级散热能力，达到热流密度 1 kW/cm²，热密度超过 1 kW/cm³，局部亚毫米级的热流密度超过 5 kW/cm² 的目标。

2016 年 3 月，美国洛·马公司研制出内嵌芯片级微流体散热通道的散热片，尺寸仅为厚 250 μm，长 5 mm，宽 2.5 mm，所含冷却用水量不足一滴，但足以冷却最热的电路芯片（图 2-18）。

图 2 - 18　洛·马公司采用内置微流体冷却的紧凑散热片

# 五、微系统技术发展面临的挑战

## （一）集成技术因工艺和外围限制受影响

微系统集成的工艺还不完善，工艺步骤多且复杂，且工艺精度要求较高，集成器件的一致性难以得到保证。三维集成技术虽然完成了芯片的空间堆叠，但分配给每个电路模块的引脚数实际上有所减少，因而也增大外围控制难度。

## （二）散热困难和可靠性降低

微系统通常体积小、输出功率高，多种器件集成于有限的芯片面积和空间后，往往不能实现很好的散热，或因工作温度过高影响器件性能和系统工作；在可靠性方面，往往不同的材料，可靠性难以找到平衡，技术攻关可能涉及的矛盾点较多，对材料的失效机理需要更到位的物理分析和测试，一个较复杂微系统的可靠性设计难以在短时间内完成。

## （三）检测和测试资源的支持不能及时到位

在器件级、系统级的设计、仿真、加工和检测、验证方面，需要更智能化、更高速、运行效率更高的软件系统；需要同时云集各类不同器件的通信协议和硬件协调才能得以实现，未来微系统的创新型架构对软件升级也不断提出新挑战。微系统新架构和新 SoC 的制造也会随时对测试设备、工艺指导性文件和操作人员的专业化不断提出新要求。

从全球各领域建设的现实需求来看，微系统技术正向多功能一体化、三维堆叠、混合异构集成、智能传感等方向发展；微系统产品也正从芯片级、部件级向复杂程度更高的系统级应用发展。

当前，微系统技术的发展正聚集于前沿科技创新的重要领域，尤其在军事领域，未来也将有更多的武器系统基于微系统技术实现微小型化、高度集成化、智能化、轻量化，这些承载了众多高精尖技术的微系统武器将会对未来战场的作战模式产生颠覆性的变革。大力推进微系统技术在武器系统上的应用，对提升我国武器装备系统的研制能力和发展水平都具有重要的战略意义。

# 第三章
# 国外微系统发展举措

近年来，为推动微系统技术发展，美国、欧洲和日本等国家和地区实施了强有力的发展举措，力图通过制定微系统技术重大发展规划和设立有针对性的投资项目，实现微系统技术持续创新。

# 一、制定重大发展规划引领技术创新与变革

技术路线图,作为一种"使决策者在未来科技发展远景上达成一致的工具,其过程就是确认、评估和选择各种战略上的可能性,使这种可能性可以实现已有的科技目标。"

基于技术路线图制定的发展规划,目标更加明确、路径更加清晰、可操作性更强,因此,近年来很多国家和组织都采用了这种方法来规划科技发展、制定政策战略。

为应对当前全球微系统产业环境的变化与挑战,美国、欧洲和日本等微系统技术发达国家和地区合力制定了新的技术发展路线图,加大关键领域的投资和研究力度,为未来微系统创新发展奠定基础。

## (一) 国际路线图委员会发布新版国际器件与系统路线图

自 1945 年计算机诞生、1958 年集成电路发明以来,半导体工业沿着摩尔定律指出的方向飞速发展。1992 年美国半导体行业协会 (SIA) 率先编写了美国国家半导体技术发展路线图 (National Technology Roadmap for Semiconductor,NTRS),以总结行业发展规律、辨析行业发展方向、避免点错"科技树"。

1998 年,由 SIA 提议,邀请欧洲半导体工业协会 (ESIA)、日本电子和信息技术工业协会 (JEITA)、韩国半导体工业协会 (KSIA) 和中国台湾半导体工业协会 (TSIA) 参加,对 NTRS 进行了更新完善,形成了 1999 年发表的第一版国际半导体技术发展路线图 (ITRS),之后每两年更新一次。截至 2015 年,累计发布了 9 个版本 (图 3-1)。

之后,由于摩尔定律趋于极限,大量新材料出现、新型 SoC (System on Chip) 芯片商用以及传统半导体计算转向移动设备、大

数据、云计算等泛半导体领域，ITRS 升级为国际器件与系统路线图
（IRDS），于 2017 年首次发布。

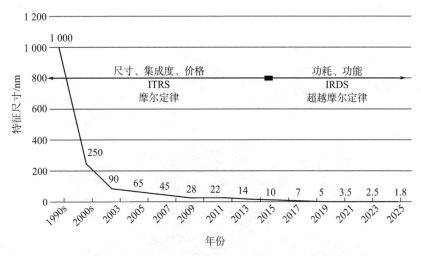

图 3-1　在 ITRS 时期以摩尔定律为主，引领业界往更小的特征尺寸、更高
的集成度、更低的价格方向发展，其本质是互补金属氧化物半导体（CMOS）
技术集成度的提高。在 IRDS 时期，器件特征尺寸缩小至 10 nm 以下，以致
将达到电子衍射极限并将出现量子效应的挑战，进一步降低尺寸、提高芯片
上晶体管数量的周期已经延长到 30 个月及更多，摩尔定律难以为继，半导体
领域发展的重点转向降低芯片功耗、扩展芯片功能等方面。

　　2018 年 4 月 10 日，国际路线图委员会发布最新版国际器件与系
统路线图，指明了摩尔定律、计算机产业、系统级芯片与封装等对
电子产业未来发展至关重要的九大生态系统要素的新变化，预测
2024 年前后，半导体器件微细化进程将由等价缩放发展阶段转入三
维功耗缩放发展阶段，并指出 2025 年以后异质集成与功耗降低技术
将成为半导体器件与系统发展与创新的新驱动。

　　1. 九大生态系统要素的新变化
　　摩尔定律、计算机产业、系统级芯片与封装、功耗、芯片频率
极限、物联网和万物互联、第五代移动通信技术、数据中心、技术

融合是国际器件与系统路线图指出的九个可能支撑、带动或影响微系统产业未来发展的重要生态系统要素（图 3-2）。当前这些要素正发生着新的变化：

图 3-2　影响微系统产业未来发展的九大重要生态系统要素

（1）摩尔定律

近年来，消费电子产品的普及使产品设计需求成为集成电路及其他相关元器件技术发展的新引擎。随着器件尺寸越来越小，平面二维结构已成为阻碍半导体产业按照摩尔定律（图 3-3）继续发展的瓶颈，全新的三维集成电路架构已成为决定半导体器件设计、制造产业发展方向的关键性因素。

（2）计算机产业

当前，作为计算机逻辑和存储器件主流技术的互补金属氧化物半导体技术已发展了 20 年，由于受到器件功耗极限限制，对计算机

图 3 - 3　戈登·摩尔（Gordon Moore），1965 年提出"摩尔定律"

产业发展的推动力已不足，倒逼了类脑计算、近似计算、量子计算等电子产业新兴技术的出现，为计算机产业发展带来新的曙光（图 3 - 4）。

（3）系统级芯片与封装

系统级芯片（SoC）及系统级封装（SiP）（图 3 - 5）等先进系统集成技术相比于传统多个分立电路的集成和组装，在集成效率和成本等方面更具优势。异质集成技术的出现使在有限空间内集成更多不同类型的功能器件成为可能，为系统级芯片和系统级封装的实现创造了条件。

（4）功耗

随着功耗的持续攀升，集成电路逐渐接近热极限。这意味着芯片运行频率和集成晶体管数量将无法同时实现增长。这正是中央处理器运行频率止步于 4 GHz 的原因。近年来涌现出的许多新型晶体管设计和架构为解决集成电路功耗问题带来了希望（图 3 - 6）。

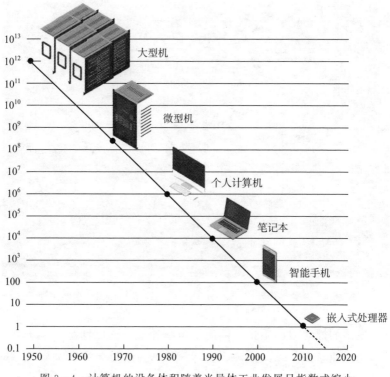

图 3 - 4　计算机的设备体积随着半导体工业发展呈指数式缩小

（5）芯片频率极限

为尽量缓解芯片（图 3 - 7）频率极限对计算机产业造成的影响，计算机软件算法变得越来越复杂，指令管理越来越灵活，处理器架构也由单核心计算向多核心并行处理转变。但是，并非所有的问题都能通过并行处理的方式解决。虽然目前芯片频率极限还未对互联网和移动终端应用造成影响，但随着第五代移动通信技术时代的到来，芯片频率极限问题可能会凸显。

（6）物联网和万物互联

物联网技术的进步掀起了世界电子信息产业发展的第三次浪潮，使互联网向万物互联的方向不断延伸和扩展（图 3 - 8）。

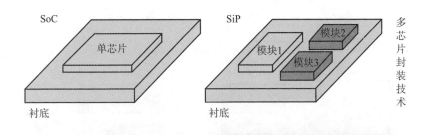

图 3 - 5　SoC 与 SiP 的对比

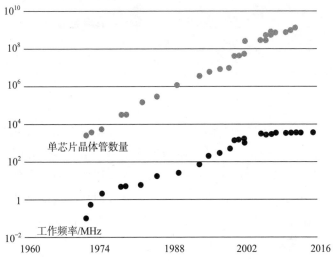

图 3 - 6　50 多年来，芯片晶体管数量和工作频率的指数式增长

（注：纵坐标为对数坐标）

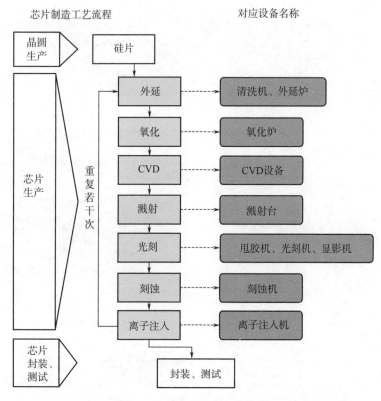

图 3 - 7　芯片的生产工艺流程

其中，半导体技术的革新起到了至关重要的作用。没有各种先进通信设备、数据中心、路由器和传感器的技术支撑，万物互联的梦想将难以实现。晶圆代工厂和无晶圆厂设计公司的出现使半导体产品的定制化生产得以覆盖万物互联的方方面面。由晶圆代工厂和无晶圆厂设计公司构建的半导体产业新生态将在合理的成本投入下开启技术持续创新的新局面。

（7）第五代移动通信技术

随着通信技术的不断进步和通信基础设施的进一步完善，第五代移动通信技术时代将很快到来。预计第五代移动通信技术时代所

图 3-8　物联网设想图

应用的频率范围将达到 3～28 GHz（图 3-9）。

（8）数据中心

近几年，随着信息化发展对海量数据处理能力需求的不断增加，由巨型服务器、存储系统、数据通信系统等集成的大型数据中心的处理能力正不断提升，但其功耗也快速增长到数百万兆瓦量级。多核心处理器和单模光纤技术的应用有望成为提升数据中心处理效率、解决功耗问题的有效途径。

（9）技术融合

未来电子产业的发展需要有新技术的融入，才能激发出创新的活力。学术界一直在研究采用全新物理学原理的新型逻辑及存储器件，并努力探索面向未来发展的先进计算架构。隧道晶体管和神经形态计算架构将有望成为支撑未来电子产业发展的关键性技术和方案。

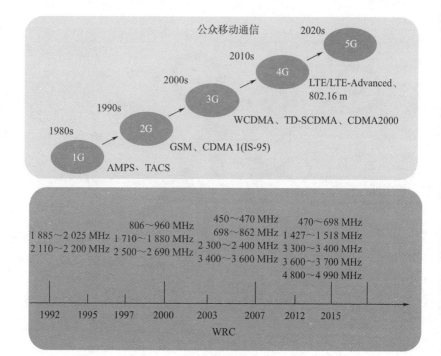

图 3-9　移动通信发展历程图

## 2. 半导体器件微细化进程将迈入新的发展阶段

新版国际器件与系统路线图将半导体器件的微细化进程分为三个发展阶段（图 3-10）：

第一个阶段为几何缩放阶段，时间跨度从 1975 年至 2002 年，特点是通过按比例减小水平方向和垂直方向的尺寸来提升平面晶体管的性能。

第二个阶段为等价缩放阶段，时间跨度从 2003 年到 2024 年，特点是通过引入新材料和新物理效应来实现水平方向尺寸的减小，并以全新的垂直器件结构代替传统的平面晶体管结构。

第三个阶段为三维功耗缩放阶段，时间跨度为 2025 年至 2040 年，特点是采用完全垂直的器件结构，并以异质集成技术和降低功耗作为新的技术驱动。

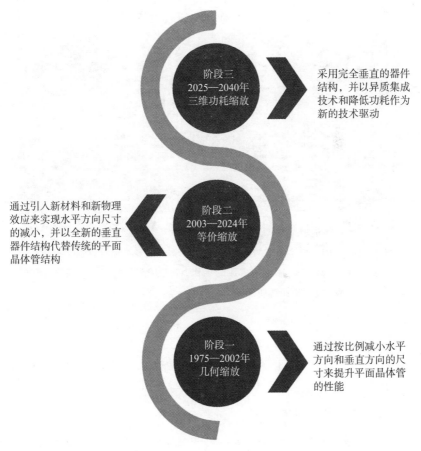

图 3-10　半导体器件的微细化进程可分为三个发展阶段

## (二) 美国制定"电子复兴计划"

2017 年 6 月，在美国国防部支持下，美国国防部高级研究计划局启动"电子复兴计划"(ERI)，旨在整合全行业力量，跨越传统等比例缩放思路，推动材料和集成、电路设计、系统架构三大支柱领域创新，确保电子产品综合性能持续提升，满足电子行业新时期发展需求，保持美国电子技术全球领先优势，引领世界电子业进入发展新纪元（图 3-11）。

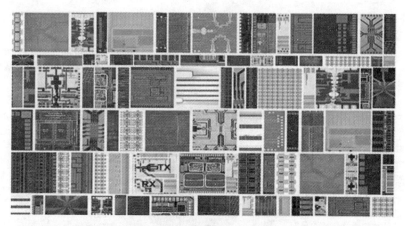

图 3-11　ERI：拼凑起来的微电子模块体现了众多参加过以前 DARPA-行业-学术合作的大学团体所完成的工作。DARPA 新的"电子复兴计划"正在推动微系统结构和功能的新时代发展。

### 1. 资金配置

"电子复兴计划"的资金来源主要分为政府资助和产业界投资两大部分。

### 2. 核心研究领域

（1）材料和集成领域

为弥补传统硅基材料不足，寻找可用于模拟电路、半导体、光子学、自旋电子学和非易失性存储技术的新型非硅基材料，"电子复兴计划"将对除硅以外的周期表中其他元素进行探索和研究。

另外，为实现新型材料芯片级集成，获得前所未有的电路性能，"电子复兴计划"还重点关注可用于计算器件的新材料及其独特性能的应用机理研究，以实现机器学习、信号处理、图形搜索等特定应用领域中最优化计算架构设计。

该领域涉及的现有项目包括"多样化异构集成""紧凑异构集成及 IP 再利用策略"和"基于氧化铪和氧化硅的交叉开关机制神经网络数据处理单元研发"等。

(2)电路设计领域

为应对因晶体管尺寸进一步缩小而导致的物理设计复杂度提升，减少系统验证成本和时间，激发小型设计团队在提升新型电子产品性能方面的创造力，"电子复兴计划"将重点关注可加速硬件研发过程的硬件设计系统研究，开发基于计算机的全新设计和系统验证工具及可实现集成电路（图 3 - 12）、封装、电路板物理布局的非人工决策算法和技术。

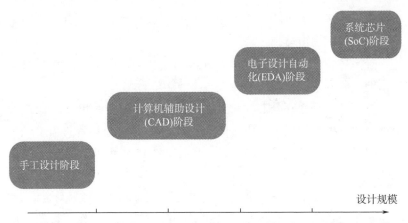

图 3 - 12 集成电路的设计规模

该领域涉及的现有项目是旨在将尖端互补型金属氧化物半导体集成电路的设计时间缩短至 1/10 的"在更快时间尺度实现电路设计"项目。

(3)系统架构领域

2012 年，美国国防部高级研究计划局信息科学与技术研究小组曾预测，芯片架构将在很大程度上决定未来十年电子产品发展。近十年，专用芯片架构对于新兴电子产业的发展起到了关键作用。

例如，通过采用大规模并行计算优化架构，图形处理器已在机器学习领域得到广泛应用；张量处理器的发展也进一步说明了专用芯片架构对于显著提升系统特殊类型计算效率所起到的重要作用。

"电子复兴计划"将重点关注可解决稀疏搜索、变换、非线性系统等问题的专用芯片架构，包括非常规计算架构、非冯·诺依曼架构、神经形态处理器及异步电路处理器架构等。

### 3. 人员安排

"电子复兴计划"总负责人由美国国防部高级研究计划局微系统技术办公室主任比尔·夏贝尔博士担任。材料和集成、电路设计、系统架构三大核心领域项目经理分别是丹·格林、安德鲁·欧佛森和汤姆·龙多。另外为"电子复兴计划"提供支撑的联合大学微电子计划项目经理由林顿·萨尔蒙担任。

丹·格林曾在美国射频微器件公司工作，是开创氮化镓材料新应用的先驱者。

安德鲁·欧佛森是芯片设计师出身的企业家，是电子行业优秀中小企业主的典型代表。他的创业公司 Adapteva 以出售价值 100 美元的超级计算机并行计算板闻名于世，该公司最初的资金来源于 Kickstarter 网站的一项活动资助。

2016 年，安德鲁·欧佛森在美国国防部高级研究计划局资助下，采用基于鳍式场效应晶体管架构的 16 nm 制造工艺，在 6 星期内用不到 100 万美元的资金，完成了包含 45 亿个晶体管片上系统的设计及流片工作。

汤姆·龙多曾是美国国防部高级研究计划局设立的 GNU 无线电项目的主要开发人员，对可适应性系统架构开发和设计高市场接受度电子产品具有独到见解，是同时精通连通性和计算的架构专家。

林顿·萨尔蒙曾在格罗方德、德州仪器和 AMD 公司管理层任职，为互补型金属氧化物半导体制造工艺节点从 130 nm 发展到 7 nm 做出卓越的贡献。

4. 计划进展

2017 年 6 月 21 日，在奥斯汀设计自动化会议期间的一次研讨会上，比尔·夏贝尔首次将"电子复兴计划"向产业界进行了推广。来自 ARM、Cadence、英特尔、英伟达、高通、新思科技、台积电、赛灵思和美国模拟器件公司的 60 多位高管出席了研讨会。

2017 年 7 月 11 日，美国国防部高级研究计划局在阿林顿召开了国防项目承包商峰会，针对"电子复兴计划"与 65 名来自国防项目承包商的高管进行了探讨。

2017 年 7 月 18～19 日，美国国防部高级研究计划局在圣何塞召开了为期两天的研讨会，旨在确定电子业各界在三大核心领域的研发投资愿景、目标和标准，加强学术、国防和商业领域间交流，帮助参会者熟悉与美国国防部高级研究计划局的合作方式，为未来开展满足"电子复兴计划"需求的美国国防部高级研究计划局新项目管理和研发工作提供指导。有来自 45 家公司、10 个国防项目承包商和多所大学的 300 多名代表参加了此次研讨会。

2017 年 9 月 12 日，美国国防部高级研究计划局公布了"电子复兴计划"新增"第 3 页"投资规划中的六个研究项目，并同时启动项目提案公开征集。

新项目对接"电子复兴计划"三大核心研究领域，分别是：面向材料和集成的"三维单芯片系统"和"新式计算基础需求"项目、面向电路设计的"电子设备智能设计"和"高端开源硬件"项目以及面向系统架构的"软件定义硬件"和"特定领域片上系统"项目（图 3 - 13）。

美国国防部高级研究计划局在 7 个月时间内完成项目提案提交、合作伙伴遴选、项目合同签署和资金发放等工作，并于 2018 年 4 月 20 日开启所有项目的研究工作。

2018 年 1 月 17 日，为进一步推进"电子复兴计划"，美国国防部高级研究计划局联合半导体研究联盟在联合大学微电子计划框架下新设立了 6 个大学研究中心，计划利用 5 年时间，投入 2 亿美元

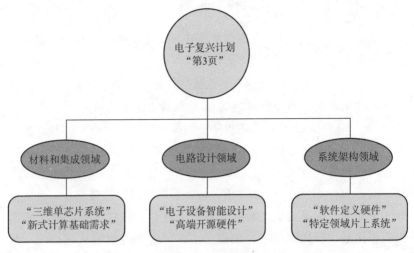

图 3-13　"电子复兴计划"新增"第3页"

资金，实现微电子技术领域飞跃式创新，为 2025 年后美国微系统技术发展提供有力支撑。

2018 年 1 月，"电子复兴计划"新增的 6 个大学研究中心，包括 4 个聚焦应用的"纵向"研究中心和 2 个聚焦学科发展的"横向"研究中心。

"纵向"研究中心有：支持自主智能的类脑认知计算研究中心，太赫兹通信与感知综合技术研究中心，可实现普适性感知、认知和行为能力的计算网络技术研究中心，智能存储和记忆体处理器技术研究中心。

"横向"研究中心为：应用驱动架构研究中心和节能集成纳米技术应用及系统驱动中心（图 3-14）。

2018 年 7 月 23～25 日，美国国防部高级研究计划局在美国加州旧金山市召开了首次"电子复兴计划"年度峰会。会议汇集了数百名来自学术界、商业界和国防工业界的美国电子行业代表，讨论了下一代人工智能硬件、如何应对摩尔定律即将终结的挑战、新型材料与电路集成方法等议题，邀请了包括 2017 年图灵奖得主约翰·轩

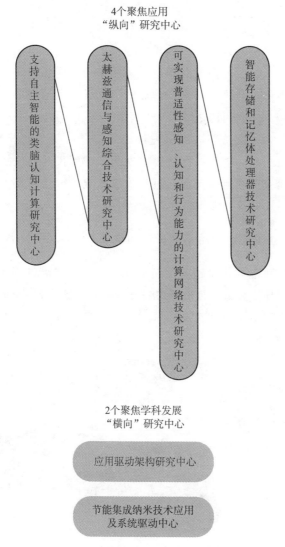

图 3 - 14 "电子复兴计划"新增 6 个大学研究中心

尼诗在内的多位高科技公司负责人和学术界领袖为大会做了演讲，公布了参与"电子复兴计划"新增"第 3 页"投资规划项目研究的团队名单、资助细节及项目实施方案。

2018 年 11 月 1 日，美国国防部高级研究计划局宣布"电子复兴计划"进入第二阶段。在新阶段，美国国防部高级研究计划局将继续扩大"电子复兴计划"项目投资规模，使美国国防企业技术需求和能力与电子工业的商业和制造实际相结合，增强国防部专用电子器件制造能力，强化硬件安全，保证"电子复兴计划"资金投入向国防部应用方面顺利转化。

同时，美国国防部高级研究计划局宣布启动"电子复兴计划"新阶段的首个研究项目，即"为实现最大程度尺寸缩放的光电子学封装技术研究"项目，旨在通过集成芯片级光子通信技术，实现现代多芯片模块并行处理能力提升。

### （三）欧盟制定"功率半导体和电子制造 4.0"计划

欧盟"功率半导体和电子制造 4.0"计划于 2016 年正式启动，主要研究半导体制造厂自治能力提升方案，以满足下一阶段工业 4.0 的发展需求（图 3 - 15）。

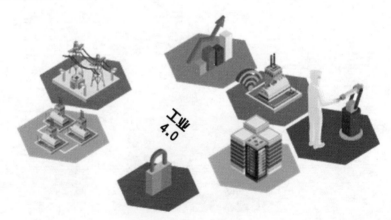

图 3 - 15　欧洲工业 4.0

"功率半导体和电子制造 4.0"计划是欧洲工业 4.0 最大的研究项目之一，为期三年，参研方包括来自 5 个国家的 37 个研究院所和企业，总投入 6 200 万欧元，资金来源除"欧洲电子器件和系统领导

"小组"联合工作组之外，还包括奥地利联邦交通创新技术部及德国、法国、意大利和葡萄牙等国的产业界。

电子元器件和系统一直被欧盟视为欧洲产业发展的创新驱动力，能为其带来稳定的经济增长和有价值的就业机会，可在一定程度上缓解欧洲将要面临的社会挑战。

欧盟持续增加对电子元器件和系统的投资力度，目的是保证欧洲在该领域的持续增长和在全球化大背景下的战略独立。"功率半导体和电子制造4.0"计划因欧盟急需提升欧洲半导体制造业竞争力而提出，将为欧洲建立灵活、可持续的集成半导体制造能力。

## （四）日本推出新型电力电子器件发展规划

日本经济产业省十分重视电力电子器件技术的发展，将电力电子器件技术列为《节能技术战略》中五个重要节能技术之一，确定了电力电子器件技术的重要地位，制定了新型电力电子器件技术及其应用装置的发展规划。

对于电力电子器件技术，规划指出：

1）碳化硅功率器件近年来虽有突破性进展，但在器件制造技术方面仍有待提高，诸如外延层稳定生长、高品质晶圆的低成本化等。此外，还要确立制造高效器件的工艺技术，解决更高运作温度的封装、软开关和高频对策等外围技术问题。

2）关于氮化镓，期望制造出比碳化硅器件具有更高工作频率的功率器件，且能面向通信、电力变换、航空、宇航等应用领域。

3）宝石器件又称理想器件，对于宝石器件的制造技术，规划提出了三个指标：晶圆大口径化；减小位错密度，实现晶圆低缺陷化；降低导通阻抗，提高器件耐压性。发展规划中关于电力电子器件技术的详细指标和进度见表3-1。

表 3 - 1　电力电子器件技术的详细指标和进度

| 器件类别指标 | | 年代 | | |
| --- | --- | --- | --- | --- |
| | | 2015 | 2020 | 2030 |
| 碳化硅功率器件 | 晶圆口径/in | 6 | 6 | 6 |
| | 位错密度/cm$^{-2}$ | $10^2$ | 50 | 10 |
| 氮化镓功率器件 | 晶圆口径/in | 3 | 3 | 5 |
| | 位错密度/cm$^{-2}$ | $10^4$ | $10^4$ | $10^3$ |
| 宝石功率器件 | 晶圆口径/in | 2 | 3 | 4 |
| | 位错密度/cm$^{-2}$ | $10^3$ | $10^2$ | 10 |

注:1 in=0.025 4 m。

对于电力电子器件技术应用装置的发展,规划指出:

1)实现电力变换装置高功率密度化,目标是:2010 年 10 W/cm$^3$;2017 年 50 W/cm$^3$;2025 年 100 W/cm$^3$。

2)高效率逆变器的开发目标:超低损耗的碳化硅开关元件(常关断型金属氧化物半导体场效应管);提高逆变器设计技术。

规划确定的电力电子器件技术及应用装置的主要推广应用领域如下:

1)硅器件:当前应用于大电力设备、工业设备、分布式电源、家电、信息设备、绝缘栅双极型晶体管降低损耗,用于高速铁路牵引电源系统。

2)碳化硅和氮化镓器件:在家电、分布式电源、工业设备、汽车与混合动力车、电动车、开关元件、电气机车、配电低压电器、整流元件、无线电地面站、车载雷达等领域普及应用。

3)宝石器件:将于 2020 年后用于信息设备、低压配电仪器。

## 二、设立有针对性的投资项目为技术发展提供支撑

美国、欧洲和日本等国家和地区近年来不断加大对先进处理器技术、宽禁带半导体器件技术、新材料器件技术、硅光集成、新型

电子材料等微电子关键前沿技术领域的投资力度和规模。

## （一）先进处理器技术领域投资侧重忆阻器及专用技术研发

1. 美国国家科学基金会支持纽约州立大学理工学院开展忆阻器计算系统技术研究

2018 年 9 月，美国国家科学基金会授予美国纽约州立大学理工学院纳米生物研究团队 50 万美元资金，用于研究基于忆阻器架构的计算机系统，该架构突破了原有冯·诺依曼架构（图 3 - 16）中存储和处理相分离的性能限制，可在同一芯片位置上进行数据存储和处理，可用于开发工作方式更接近人脑的智能计算机芯片，将对人工智能和机器人技术的发展产生巨大影响。

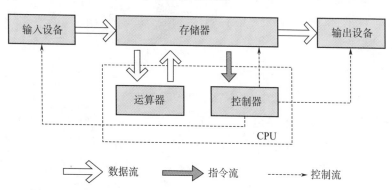

图 3 - 16　冯·诺依曼体系结构：数学家冯·诺依曼提出了计算机制造的三个基本原则（采用二进制、程序存储、顺序执行），以及计算机的五个组成部分（运算器、控制器、存储器、输入设备、输出设备），这套理论被称为冯·诺依曼体系结构，根据这一原理制造的计算机被称为冯·诺依曼结构计算机。

2. 英国投入 110 万英镑启动忆阻器研发项目

2018 年 5 月，英国政府投入 110 万英镑启动忆阻器研发项目，英国帝国理工学院、南安普顿大学和曼彻斯特大学将和产业界共同研发忆阻器，以替换传统电子集成电路中的晶体管，带来电子产业的变革。

**3. 美国国防部高级研究计划局计划资助斯坦福大学研发基于人工智能芯片的自主网络攻击系统**

当前，美军网络部队及黑客主要利用操作系统和硬件系统的底层漏洞实施网络破坏和数据窃密。针对内部网络环境（例如伊拉克电力网络），则采用在打印机等出口设备内置后门芯片的方式，实施病毒感染和网络渗透。

然而，上述方式可被防病毒软件和安全系统识别，应用效果受到极大限制。2017年10月，美国国防部高级研究计划局宣布优先资助斯坦福大学和美国无限初创公司研发基于ARM架构和深度神经网络的通用人工智能芯片自主网络攻击系统。

该系统内置基本的自主学习系统程序，能够通过自主学习在网络环境下自行生成特定恶意代码，实现对指定网络的攻击、信息窃取等操作。

**4. 美国国防部资助英特尔、高通等研制全新非冯架构处理器**

2017年6月，美国国防部高级研究计划局宣布投入8 000万美元，资助英特尔、高通、诺斯罗普·格鲁曼公司、太平洋西北国家实验室和佐治亚理工学院共同研发全新"HIVE"非冯架构处理器，旨在克服传统冯·诺依曼架构瓶颈，解决大数据处理问题（图3-17）。

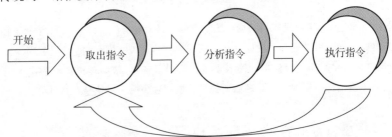

图3-17　冯·诺依曼体系工作原理（CPU工作原理）：程序的执行过程实际上是不断地取出指令、分析指令、执行指令的过程。冯·诺依曼型计算机从本质上讲是采用串行顺序处理的工作机制，即使有关数据已经准备好了，也必须逐条执行指令序列。

当前的单个中央处理器或图形处理器无法实时处理信息量巨大的图形，而大数据中心则需要克服这些限制。"HIVE"项目计划用4年时间研制出一个能够实时高效检测多达十亿个点图形的单独处理器芯片，并开发相匹配的软件工具，以满足新架构处理器的使用需求。

5. 美军以"小企业创新研究"计划为支撑，投入巨资大力发展数字射频存储器新技术

2018年6月28日，美国海军官员在新泽西州莱克赫斯特的美国海军空战中心飞机分部宣布，授予水星系统公司2 050万美元资金，作为"小企业创新研究"计划的一部分，用于研制基于先进数字射频存储器技术的机载雷达欺骗式干扰系统。该系统可通过投放虚假雷达图像迷惑敌方雷达。这是水星系统公司一星期内从海军获得的第二笔与数字射频存储器技术相关的资金。较早前，美国海军就与水星系统公司签订了一份840万美元的合同，用于研发基于数字射频存储器技术的新型电子干扰器，希望通过延迟发送截获的脉冲信号制造目标移动假象，干扰敌方雷达对真实目标的探测。

6. 美国海军寻求产业界帮助设计先进微波单片集成电路及专用集成电路

2018年3月，美国海军空战中心武器分部发布需求通告，寻求产业界帮助，设计复杂微波单片集成电路及专用集成电路，以满足雷达、导航制导和电子战等先进射频和微波装备的发展需求，推动国防集成电路技术领域项目进展。

7. 欧盟启动"勃朗峰2020"项目研发百亿亿次级计算机系统用芯片

2017年12月，欧盟启动"勃朗峰2020"项目，作为"勃朗峰"项目的延续。"勃朗峰"项目以实现百亿亿次级计算系统研制为宏伟目标，由一系列聚焦高能效ARM架构系统计算研究项目组成，目前已开展了三个阶段：第一阶段从2011年到2013年，目标是研发

能提供百亿亿次计算性能的计算机架构，并使计算能耗降为原来的 1/30～1/15；第二阶段从 2013 年至 2015 年，目标是研发出具备百亿亿次计算潜力的超大规模高效计算平台，完成大规模并行计算、异质结计算等的挑战；第三阶段从 2015 年至 2017 年，由布尔公司领导，预算是 790 万欧元，由欧盟通过"地平线 2020"计划提供，采用协同设计来保证硬件和系统创新能够通过转换，为高效计算应用带来切实益处，目标是设计一个新的高端高效能计算平台（图 3 - 18）。

图 3 - 18　　"勃朗峰 2020"项目

　　目前开展的"勃朗峰 2020"项目是"勃朗峰"项目的第四阶段，由欧盟通过"地平线 2020"计划提供总额 1 010 万欧元的预算支持，目标是为未来低功耗欧洲百亿亿次处理器研发奠定基础。

　　为改进"勃朗峰 2020"项目所研发的处理器代与代之间的经济可持续性，该项目还包括对其他市场需求的分析。该项目的策略基于模块化封装，将研发一组面向不同市场的系统级芯片，如用于自动驾驶的嵌入式高性能计算系统级芯片。

## （二）宽禁带半导体器件领域注重应用技术研发

1. 美国导弹防御局授予雷声技术公司 1 000 万美元推进 AN/TPY－2 弹道导弹防御雷达升级

2017 年 4 月，美国导弹防御局宣布授予雷声技术公司一项价值 1 000 万美元的合同，来持续研发可为 AN/TPY－2 弹道导弹防御雷达增加氮化镓半导体技术的软件和硬件。

据雷声技术公司表示，应用氮化镓技术可增强雷达的探测范围和搜索能力，支持系统更好地区分威胁与非威胁，并能在提升系统整体性能的同时，保持相对较低的制造和运营成本。

2. 美国能源部投资 3 000 万美元资助 21 个宽禁带半导体电力电子器件研发项目

宽禁带半导体能够使器件工作在更高速度、电压和温度条件下，且封装尺寸和质量更小。

2017 年 8 月，美国能源部高级研究计划局公布"拓扑结构和半导体创造新型可靠电路"研究计划，将投入 3 000 万美元资助 21 个宽禁带半导体电力电子器件研发项目，旨在加速美国节能电力转换器件的开发和部署。

3. 美国能源部资助高校开发基于氮化镓的功率开关

2017 年 7 月，美国能源部高级研究计划局授予美国纽约州立大学理工学院 72 万美元合同，研究探索氮化镓功率器件的先进掺杂和退火技术，以用于开发电网、航空航天、电动汽车等电力电子领域用的高效、高功率、高性能电源开关。

该项目将由美国纽约州立大学理工学院、美国陆军研究实验室、美国德雷克塞尔大学和美国回旋管科技公司合作完成。项目将重点关注离子注入方法，并使用新的退火技术激活，在氮化镓中构建 P－N 结。

研究还将采用回旋管（可产生毫米波的高功率真空管）光束产

生技术，来了解离子注入对氮化镓材料微观结构以及 P-N 结二极管性能的影响。

**4. 美国陆军研究实验室资助工业界开发高功率碳化硅半导体器件封装新方法**

2017 年 9 月，美国陆军研究实验室宣布将在 2020 年前向工业界投入 1 亿美元资金，用于开发全新的碳化硅功率半导体器件封装方法，以解决传统封装方法在寄生电感、散热能力、可靠性、瞬态热缓解和平面封装等方面所面临的局限性，支持碳化硅功率器件新技术向军事和商业应用领域转化。

## （三）新材料器件领域投资集中在石墨烯前沿技术研究

**1. 英国研究机构合作启动石墨烯性能表征服务计划，着眼未来石墨烯器件技术应用市场**

2018 年 8 月，英国国家物理实验室和曼彻斯特大学国家石墨烯研究院合作启动石墨烯性能表征服务计划，目标是在产业界搭建石墨烯特性研发和产品应用之间的桥梁，以此加速石墨烯器件技术的产业化和商业推广应用。

**2. 美国 AMD 公司资助萨塞克斯大学研究石墨烯等二维材料器件技术**

2018 年 8 月，传感器开发商美国先进材料发展（AMD）有限公司筹集了 87.5 万美元资金，用于推广其石墨烯和其他二维材料技术商业计划。该公司计划投入 70 万美元资助美国萨塞克斯大学材料物理小组开展相关研究项目。

**3. 欧洲"石墨烯旗舰计划"不断推动石墨烯前沿领域技术发展**

由于具有独特的属性，石墨烯一直以来都被认为是能彻底改变工业和技术应用现状的颠覆性材料（图 3-19）。欧盟"石墨烯旗舰计划"是欧洲有史以来最大的多方合作研究计划，预算为 10 亿欧元，总体目标是塑造石墨烯技术的未来，将石墨烯和相关材料从学术实验室领域带入欧洲社会，促进经济增长并在十年内创造新的就业机会。

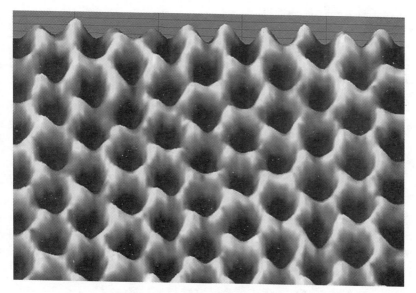

图 3 - 19 石墨烯的扫描探针显微镜图像

目前"石墨烯旗舰计划"已经运行了 10 年。2018 年 1 月，负责该计划的研究人员通过太阳帆实验和循环热管实验，首次验证了石墨烯在未来空间领域应用的巨大潜力和可行性。

这两个实验是欧盟与欧空局及其他研究机构共同合作完成的，实验在零重力条件下验证了石墨烯材料在光推进和热管理方面的应用能力。

**（四）国外新型电子材料研究领域投资规模不断扩大**

1. 美国国家科学基金投入 160 万美元研发新型非晶态氧化物半导体材料

氧化物半导体材料的电子迁移率是硅的 50 倍，可用于显示器实现更高像素密度，从而大幅提高屏幕分辨率。2017 年 10 月，美国国家科学基金会授予美国密苏里科技大学 160 万美元，用于研究非晶态氧化物半导体特性，开发性能超越硅基晶体管的新型半导体材料，并建立可开放访问数据库。

该项目为期 4 年，是美国国家科学基金"设计材料来变革和工程化我们的未来"项目的一部分，旨在为柔性平板显示屏、可穿戴电子设备、家居及汽车的智能玻璃、太阳能面板等产品提供材料支持。

2. 德国与加拿大联合资助慕尼黑工业大学研制可替代石墨烯的纳米复合材料

硅基纳米薄片是一种类似石墨烯的二维纳米薄片，具有特殊的光电性能，但单独存在的硅基纳米薄片极不稳定。

2017 年 3 月，德国研究委员会和加拿大自然科学与工程研究理事会宣布资助慕尼黑工业大学纳米电子研究所开展硅基纳米薄片与聚合物的纳米复合研究，来开发可代替石墨烯用于柔性电子产品和光电传感器的新型硅基纳米薄片聚合物复合材料。

# |第四章|
# 国外微系统发展现状

近年来，国外微系统技术发展迅速。美国、欧洲和日本等发达国家和地区十分重视先进处理器、下一代存储器、宽禁带半导体器件、新材料器件和特种功能器件等微电子器件前沿技术的发展，取得了不少进展。

# 一、先进处理器前沿技术在硬件研制和可行性架构开发方面进步明显

## (一) 美国研制出世界首个集成硅光子学神经网络硬件

光学计算一直以来被寄予是计算机科学的巨大希望，光子的带宽远远超过电子，因此能更加快速地处理更多的数据。然而，光数据处理系统的优势在价值上从未超过制造所需的费用，一直以来都没得到广泛应用。但计算机的某些领域已经开始发生改变，神经网络为光子学开辟了新的机会。光学神经网络利用硅光子平台，可以为无线电、控制和科学计算的超速信息处理开辟新机制（图 4-1）。

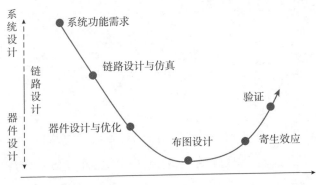

图 4-1　硅光子设计步骤

硅光子技术是在后摩尔时代微电子与光电子融合趋势下发展起来的新型技术，它是以硅和硅基衬底材料（如 SiGe/Si、SoI 等）作为光学介质，通过互补金属氧化物半导体（CMOS）兼容的集成电路工艺制造相应的光子器件和光电器件（包括硅基发光器件、调制器、探测器、光波导器件等），并利用这些器件对光子进行发射、传输、检测和处理，以实现其在光通信、光互连、光计算等领域中的

实际应用（图 4 - 2）。

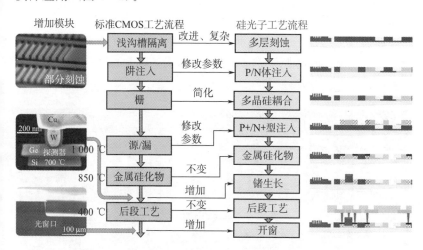

图 4 - 2　基于标准 CMOS 工艺的硅光子工艺流程开发

　　硅光子技术的核心理念是"以光代电"，即采用激光束代替电子信号传输数据，将光学器件与电子元件整合至一个独立的微芯片中。在硅片上用光取代传统铜线作为信息传导介质，大大提升芯片之间的连接速度（图 4 - 3）。

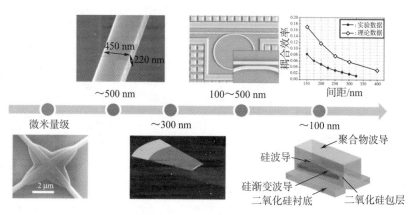

图 4 - 3　硅光子器件典型尺寸

硅光子技术不仅在现阶段的光通信、光互连领域有迫切的应用需求，也是未来实现芯片内光互连和光计算机的潜在技术。

2016年11月，美国普林斯顿大学研制出世界首个集成硅光子学神经网络硬件。该硬件以光作为信号传输载体，大幅提升了神经网络信息处理能力，为神经形态芯片研究开辟了全新技术途径（图4-4）。

图4-4　光子神经网络芯片

神经网络硬件采用并行光子神经网络互联集成架构：马赫-曾德尔电光调制器作神经元，4个并联微环谐振滤波器构成神经网络权重分配单元，与平衡光电二极管、激光二极管、波分多路复用器等器件硅基单片集成为神经网络节点。在每个节点，由激光二极管产生连续光波，经马赫-曾德尔电光调制器调制后输出光脉冲信号，然后通过波分多路复用器为该信号分配特定波长的光载波，再通过光纤传输至其他神经网络节点。权重分配单元对光信号进行权重分配，光信号传入平衡光电二极管进行加权求和及解调，得到的电信号输入至马赫-曾德尔电光调制器，构成完整信号处理回路（图4-5）。

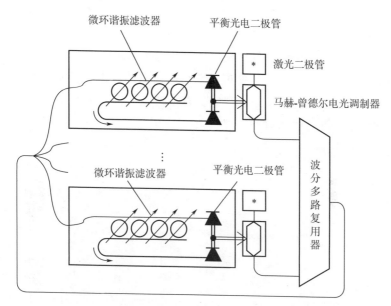

图 4-5 并行光子神经网络互联集成架构示意图

该硬件具有以下特点：一是信息处理速度快，处理信息的时间尺度达到皮秒甚至飞秒量级，模拟表明，神经网络节点数增加到 49 个时，仿真计算速度是英特尔酷睿 i5-4288U 处理器的 1 960 倍，可实现大规模仿真计算；二是可重构，能够直接利用程序设计工具按需进行硬件编程，实现功能重构；三是单片集成，降低系统复杂度，拓展应用范围。

光子学神经网络硬件具有高速、高带宽、低功耗等特点，较电子神经网络硬件，在超快感知领域，尤其是处理大数据量、高频信息（如雷达信号）时更具优势。

光子学神经网络硬件研究始于 20 世纪 90 年代，由于光器件功能多样，难以在同一基底上实现理想的连接和耦合，集成化程度不高，制约了硬件发展。

2016 年，美国普林斯顿大学在国家科学基金会"集成光子学盲源分离研究"项目支持下，开展硅光子器件与集成技术研究，研制出 4 节点集成硅光子学神经网络硬件，下一步将扩展节点数量，推进硬件实用化。

集成硅光子学神经网络硬件将催生新型神经形态芯片，有望实现战场高频、高带宽信号处理和复杂模式识别，将对智能情报分析与图像识别、智能电子战、智能仿真、智能无人作战装备等的发展产生深远影响（图 4 - 6）。

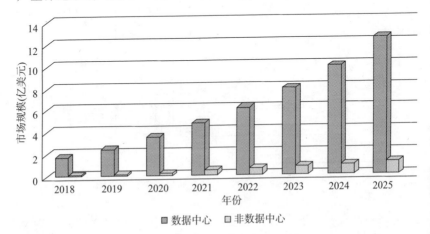

图 4 - 6　硅光子的市场规模及预测

## （二）澳大利亚推出世界首个硅基互补金属氧化物半导体量子计算芯片可行性架构

2017 年 12 月 15 日，澳大利亚新南威尔士大学量子计算与通讯技术中心宣布，已设计出世界首个硅基互补金属氧化物半导体量子计算芯片可行性架构（图 4 - 7）。

该架构可利用现有硅基半导体标准化工艺流程实现，采用基于自旋量子位的三维垂直结构设计和先进的六量子位表层编码计算误差校正系统，有望将单片量子位集成度提升至数百万以上，是向实现大规模、通用量子计算迈出的关键一步。

量子计算是一种与经典计算完全不同的、基于量子比特（qubit）的全新计算技术，它是量子力学基本原理与计算科学相结合的产物，

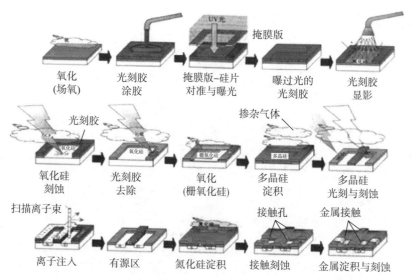

图 4-7 互补金属氧化物半导体（CMOS）工艺流程

其超强的计算能力来源于量子态的超经典关联特性：每一个量子位都可以同时存储"0""1"或由"0"和"1"组成的任意叠加态，实现多重值的并行存储、处理；借助"量子纠缠"和"态叠加"原理，现代计算机中的二进制代码能以指数函数的形式得到扩展（图4-8、图4-9）。

大规模通用量子计算系统能在短时间内解决电子计算机难以解决的极具挑战性的问题，如气候变化预测、复杂疾病研究等，但尚无法满足大规模、通用的应用要求。

阻碍大规模、通用量子计算发展的主要原因在于量子位数量的大规模扩展以及对量子系统退相干特性的抑制。为此，量子计算与通讯技术中心开展了硅基互补金属氧化物半导体量子计算芯片可行性架构研究，旨在利用硅基互补金属氧化物半导体技术实现大规模、通用量子计算（图4-10）。

新架构基于自旋量子位单元模块的重复性扩展而实现。多个单元模块通过用于储备电子的掺杂硅区域相连接，构成完整的全量子

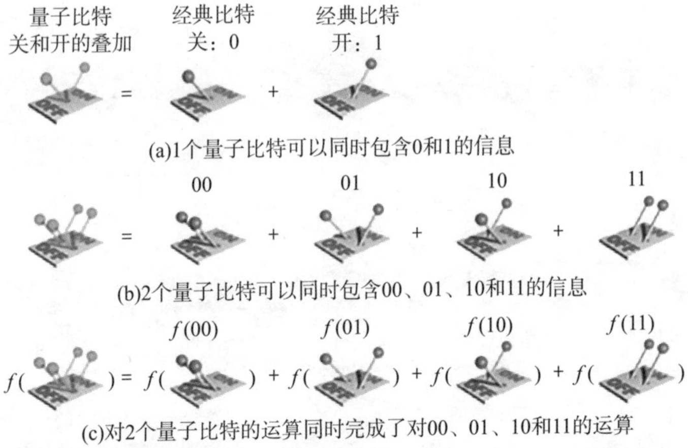

(a)1个量子比特可以同时包含0和1的信息

(b)2个量子比特可以同时包含00、01、10和11的信息

$$f(\quad) = f(\quad) + f(\quad) + f(\quad) + f(\quad)$$

(c)对2个量子比特的运算同时完成了对00、01、10和11的运算

图4-8　量子计算的原理：经典计算用比特（bit，二进制位，这里称其为经典比特）表示0和1，比如，开关的"关"状态表示为0，"开"状态表示为1。显然，一个经典比特在同一时刻只能表示0或1两个数中的一个。而量子比特的载体遵循量子力学的规律，可以处于0和1的相干叠加态，也就是说，一个量子比特可以同时包含0和1的信息。这种特性称为量子叠加，系统处于量子叠加的能力称为相干性。

注：这里的"+"指量子力学中的量子叠加，不是四则运算中的加法；准确说，是 Hilbert 空间中的矢量加法。

处理器芯片。每个单元模块都采用三维垂直结构设计，可在绝缘体硅晶圆上利用主流硅基互补金属氧化物半导体工艺和倒装芯片技术进行制造，由金属互连层相连接的经典集成电路和量子集成电路两部分构成（图4-11）。

　　量子集成电路位于最下方的硅28同位素富集层内，是一个包含480个自旋量子位的二维超纯硅量子点阵列，负责量子信息的产生、存储和处理。

　　经典集成电路位于最上方的常规半导体单晶硅层内，包含用于寻址及数据传输的字线、位线、数据线以及晶体管开关电路，通过金属互连层中的多晶硅或金属连接线与下方悬浮栅极相连接，以实现对量子位的精准操控。

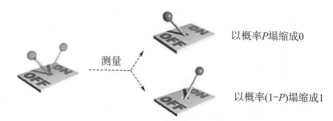

以概率P塌缩成0

以概率(1-P)塌缩成1

(a)测量量子比特会导致其概率变化成(塌缩)经典比特的状态

(b)量子纠缠：一种特殊的叠加态，对这两个量子比特进行测量
若第一个比特塌缩成0(关)，那么第二个比特也塌缩成0(关)
若第一个比特塌缩成1(开)，那么第二个比特也塌缩成1(开)

(c)量子纠缠的"超距"作用
无论两个纠缠的量子比特相距多远，都会发生测量的关联塌缩现象

图 4-9　量子测量与量子纠缠

注：（a）中对叠加的量子比特进行测量，会改变叠加的量子比特，以概率的方式变为 0 或 1。爱因斯坦不接受用这种概率的运行方式（非决定论），说"上帝不掷骰子"，但大量的物理实验都在不断印证量子物理的预言结果。量子纠缠是一种特殊的量子叠加状态（称为叠加态）。（b）中有两个量子比特，将 00 和 11 叠加在一起。如果对这两个量子比特进行测量，它们会塌缩到 00 或者 11。但是，如果第一个量子比特变成了 0，那么第二量子比特也一定会变成 0；（c）同样地，如果第一个变成 1，第二个也一定会变成 1。关键在于，无论这两个量子比特相距多远，即使一个在地球上，另一个在火星上，如果一个量子比特发生塌缩，另一个也会以关联的方式瞬时塌缩。

(a)环境与系统进行信息交互(环境对系统进行测量)将破坏相干性
矛盾：保持相干性要与环境隔离；操控与测量要与外界主动交互

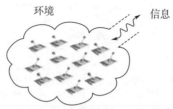

(b)量子比特变多时，相干性控制困难，一旦环境对系统进行了测量
(发生了信息交互)，系统的相干性就丢失，塌缩到没有叠加的状态

图 4-10　大规模量子比特系统面临的退相干问题：要保持量子系统的相干性，就需要让其与环境尽可能隔离，而计算所需的"操控与测量"本质上又是外界与量子系统的主动交互，"与环境隔离"和"与外界主动交互"形成一对矛盾。这种困难在大规模量子比特上变得更加突出，这也是量子效应很少在宏观系统中显现的重要原因。比如，"薛定谔的猫"等人类生活的宏观尺度里，环境与系统的作用难以避免，"环境对系统的测量"使得系统很难处于叠加的量子态。

　　由于量子态本身十分脆弱，为应对量子态退相干，避免出现计算错误，新架构采用了先进的六量子位表层编码计算误差校正系统设计方案。

　　该方案将自旋量子位单元模块中 480 个量子位划分为 80 个子单元。每个子单元由 6 个自旋量子位组成，其中 2 个量子位为主要的数据量子位，另外 4 个量子位为测量量子位。该方案将量子位分为 2 组进行测量，利用"量子纠缠"原理分别对数据量子位的位翻转误差和相位误差进行检测和校正。

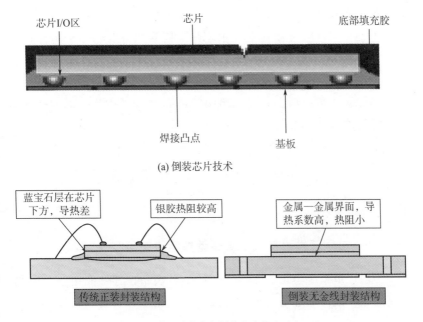

(a) 倒装芯片技术

(b) 正装芯片技术与倒装芯片技术对比

图 4 - 11　倒装芯片技术源于 IBM 的 C4 技术（Controlled Collapse Chip Connection），是一种将晶片直接与基板相互连接的先进封装技术。在封装过程中，芯片以面朝下的方式让芯片上的结合点透过金属导体与基板的结合点相互连接。

　　硅基互补金属氧化物半导体量子计算芯片可行性架构有助于实现量子位数的大幅扩展，将在大规模、通用量子计算系统研发过程中发挥重要作用，具有十分广阔的应用前景（图 4 - 12）。

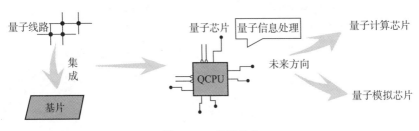

图 4 - 12　量子芯片

目前,量子计算与通讯技术中心研究团队已与新南威尔士大学、澳洲电信、联邦银行和新南威尔士州政府共同筹资创办了澳首家量子计算公司——硅基量子计算公司,促进硅基量子计算专门技术的开发及商业化。该公司将在 2022 年前完成硅基互补金属氧化物半导体量子计算芯片原型的开发,为构建世界首台硅基大规模、通用量子计算机奠定技术基础。

## 二、下一代存储器前沿技术发展聚焦国防军事应用和高性能计算等领域

### (一)美国开发出新型三维微型数字射频存储器

美国水星系统公司 2018 年 3 月 27 日表示,其开发出一种可提升精确制导武器电子防御能力的新型三维微型数字射频存储器(图 4 - 13)。

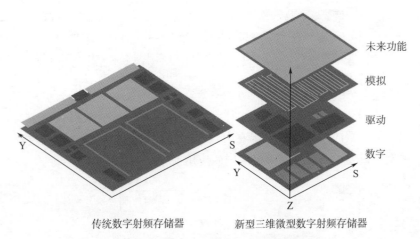

图 4 - 13　新型三维微型数字射频存储器模块化架构示意图

该器件采用三维堆叠技术制造,具有优化的模拟电路和数字电路结构,可满足在小型智能武器内集成所需的机械完整性和尺寸、

重量、功耗要求，有望大幅提升精确制导武器的电子防御能力，为发展下一代智能武器奠定基础。

精确制导武器具有命中精度高、突防能力强、杀伤威力大、综合效益高等优点，其出现大大减少了军队的"杀伤成本"和维护大量库存常规弹药所需的后勤、补给成本，已成为现代局部战争中物理杀伤的重要手段（图4-14）。

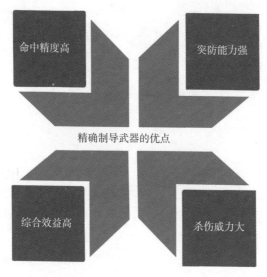

命中精度高 突防能力强

精确制导武器的优点

综合效益高 杀伤威力大

图4-14 精确制导武器的优点

美国国防部认为，确立在精确制导武器方面的优势是其"第三次抵消战略"的核心。然而，随着电子战技术的不断进步，精确制导武器面对的电子攻击威胁变得越来越大。研制具有电子防御能力的精确制导武器成为美国实施"第三次抵消战略"的关键（图4-15）。

数字射频存储器可缓解敌对电子攻击产生的干扰，但常规的数字射频存储器微电子器件体积过于庞大，难以满足在精确制导武器中集成应用的要求。为此，美国水星系统公司开展了新型三维微型数字射频存储器研发，旨在增强数字射频存储器在小型化武器装备中的可集成性，从而大幅提升精确制导武器的电子战能力。

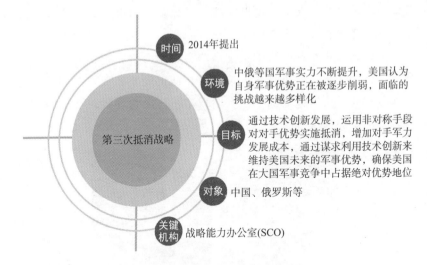

图 4 - 15　美国"第三次抵消战略"

　　为制造出符合武器集成要求的全新数字射频存储器,美国水星系统公司采用了集三维堆叠技术、先进微型化及器件加固技术于一身的全新、模块化制造方案,分别对器件模拟电路和数字电路进行了优化。

　　水星系统公司采用新开发并已实现商业化的微型射频多芯片模块作为器件的模拟电路。该模块尺寸仅为典型数字射频存储器模拟电路的四分之一。模块底部是含有焊锡球的球栅阵列,可通过电路板获取所需电能和信号(图 4 - 16)。

　　考虑到器件严格的空间限制,该公司经过对多种材料组件的严格评估,筛选出可平衡器件机械完整性和散热性能的特殊电路板材料。此外,该公司还在满足器件机械完整性要求和器件尺寸、重量、功耗极端受限的情况下,通过对电路板高度进行最优化设计和减小模块电路板隔离壁厚度,成功将多芯片模块的封装密度提升至最大(图 4 - 17、图 4 - 18)。

　　对于数字电路,水星系统公司采用芯片减薄工艺和具备误差校正控制功能的多存储器垂直堆叠及互连技术,将多达 18 个非易失性

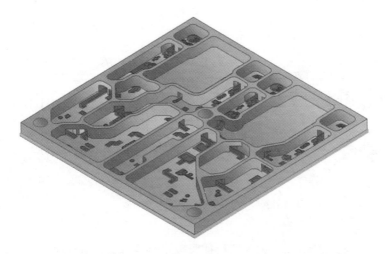

图 4 - 16 水星系统公司开发的微型射频多芯片模块示意图

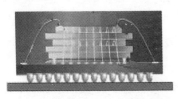

(a) 三维集成电路(3D-IC)封装

(b) 多芯片组件(MCM)封装

图 4 - 17 三维集成电路封装与多芯片组件封装

存储器单元集成封装在一起，与处理器或现场可编程门阵列等数字处理单元共同组成厚度小于 2.5 mm 的数字电路模块。

优化后的数字电路具备吉比特字节以上的存储能力，能满足绝大多数处理密集型应用程序的需求，与分立器件平面阵列相比，节约了高达 85% 的二维电路板空间。

这种全新的、模块化制造方案具有以下优势：

1) 有助于在器件垂直堆叠结构中添加新的电路板，以实现更高的器件性能或在未来增加新的功能。这种灵活的器件升级和扩展能力，将提升器件应对未来新技术威胁的能力。

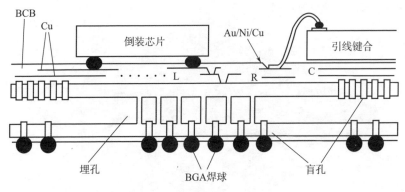

图 4 - 18　多芯片模块结构示意图

2）将对噪声敏感的射频组件与数字组件分离，可使整个传感器链条达到最优性能。

3）有助于早期发现和解决制造过程中可能出现的异常，以防止这些异常在数字射频存储器全部组装完成后造成无法挽回的严重后果。这对于缩短制造周期、提高生产效率和节约制造成本具有非常重要的意义。

美国水星系统公司开发的新型三维微型数字射频存储器，有望将电子战能力集成到精确制导武器中，使其具备对抗敌对电子攻击的自我保护能力，而这将成为智能武器发展史上的一个关键性节点（图 4 - 19）。

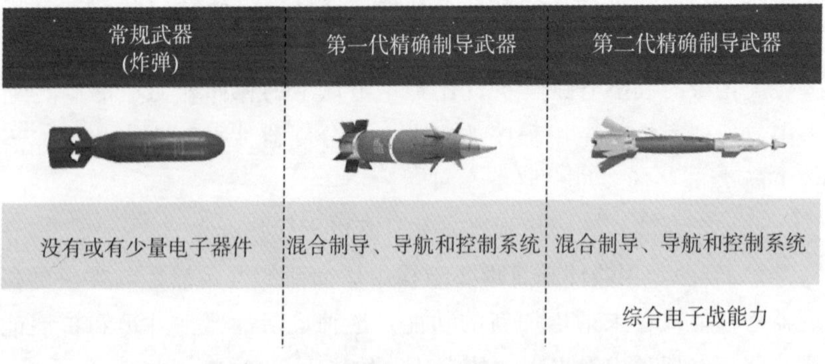

| 常规武器<br>(炸弹) | 第一代精确制导武器 | 第二代精确制导武器 |
|---|---|---|
| 没有或有少量电子器件 | 混合制导、导航和控制系统 | 混合制导、导航和控制系统 |
| | | 综合电子战能力 |

图 4 - 19　精确制导武器能力随着电子元器件的发展不断提升

## （二）波兰开发出世界首个基于化学反应原理的信息存储单元"化学比特"

2017 年 5 月，波兰科学院物理化学研究所开发出世界首个基于化学反应原理的信息存储单元"化学比特"（图 4 - 20）。

图 4 - 20　首个化学存储单元"化学比特"

新型信息存储单元"化学比特"的原理基于别洛索夫-扎鲍京斯基振荡反应（BZ 反应）。BZ 反应具有复杂且易分辨的时间或时空变化特性，因此可用于信息编码。

"化学比特"由三个相邻的 BZ 反应液滴构成。液滴内部是可发生 BZ 反应的反应物，外部由癸烷和大豆油脂构成的单层有机物包裹，以提供机械稳定性。液滴内部的 BZ 振荡反应可通过蓝光进行控制。当任意两个液滴相互接触时，在接触面会形成稳定的双分子层。BZ 反应活化剂可透过双分子层从一个液滴进入另一个液滴，从而实现不同液滴间化学反应激活状态的传递。

"化学比特"三液滴系统中 BZ 反应激活状态传递有两种稳定模式——顺时针转动模式和逆时针转动模式，分别对应于数字信息"0"和"1"，因此，可存储 1 bit 信息。

化学计算系统具有与生物神经系统类似的信息处理方式，是最有潜力突破冯·诺依曼瓶颈的非常规计算系统之一（图 4 - 21）。

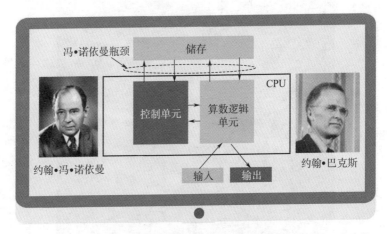

图 4 - 21　一台冯·诺依曼计算机包含三部分：CPU、存储以及连接 CPU 与存储用于读写的管道（tube）。该管道被称为冯·诺依曼瓶颈。

"化学比特"的问世为化学计算机的开发奠定了良好的基础，有望对信息技术发展产生深远影响。

### （三）美国与 IMEC 合作研发电阻式随机存取存储器工艺

2017 年 12 月，美国硅谷的 4DS 存储有限公司宣布，已成功将接口转换电阻式随机存取存储器单元架构调整到存储级存储器水平，其读取速度与动态随机存储器相当，且不需要速度限制的纠错。同时，4DS 存储有限公司决定与 IMEC 合作研发电阻式随机存取存储器新工艺，以调整存储器几何形状精细化图形结构，提高产量、速度和耐用性。

电阻式随机存取存储器工艺对于电阻式随机存取存储器技术发

展至关重要。尽管电阻式随机存取存储器技术在存储级内存市场能否成功还有待观察，但这项技术也可用于其他领域，尤其是神经形态系统应用领域。但神经形态系统需要级联多个堆叠的电阻式随机存取存储器器件，控制难度很大。

## （四）三星 96 层第五代 NAND 存储器芯片实现量产

2018 年 7 月，三星电子公司宣布，已经开始批量生产超大容量、超高速度第五代 NAND 三维堆叠闪存（图 4 - 22）。

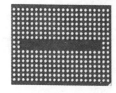 

图 4 - 22　三星第五代 NAND 三维堆叠闪存

该芯片采用 96 层堆叠设计，内部集成了超过 850 亿个三维多层电荷撷取闪存存储单元，这些单元以金字塔结构堆积，并在每一层之间贯穿仅几百微米宽的极微小垂直通道孔洞，每单元可保存 3 bit 数据，单芯片容量达 256 Gbit。

三维 NAND 存储技术的发展速度越来越快，96 层堆叠产品量产，进一步激发了各大厂商追求最先进三维 NAND 存储技术的热情，美光、东芝、西数、SK 海力士等存储器巨头都在加快推进三维 NAND 的技术演进，以便加高自身的技术壁垒，拉开与竞争者的差距，为下一波市场争夺做好准备。

## 三、宽禁带半导体器件前沿技术在异构集成代工工艺和晶体管器件制造领域获得突破

以磷化铟、氮化镓、金刚石、氮化铝、氮化硼等为代表的超宽禁带半导体材料（禁带宽度＞4.5 eV）的研究和应用，近年来不断获得技术的突破。这类半导体材料具有更高的禁带宽度、热导率以及材料稳定性，在新一代深紫外光电器件、高压大功率电子器件等领域具有显著的优势和巨大的发展潜力，目前正成为国际竞争的新热点。

### （一）美国磷化铟和氮化镓射频裸芯片与硅互补金属氧化物半导体晶圆异构集成达到代工水平

2016 年 11 月，在美国国防部高级研究计划局"多样可用异构集成"项目支持下，美国诺斯罗普·格鲁曼公司磷化铟和氮化镓射频裸芯片与硅互补金属氧化物半导体晶圆异构集成技术首次达到代工水平，互联成品率达 99.94%，对实现超高频大功率微系统大规模生产、推动信息化武器装备跨代升级有重要意义。

异构集成是将多种采用不同工艺、不同材质、不同功能、不同制造商制造的组件同时集成在晶圆上的技术，以增强功能性和提高工作性能。通过这一技术，工程师可以像搭积木一样，在芯片库里将不同工艺的小芯片组装在一起，而这是进一步提高微系统功能集成度的主要技术路径之一（图 4 - 23）。

以磷化铟、氮化镓为代表的化合物半导体材料电子迁移率高、二维电子气浓度高、击穿场强高、饱和漂移速度大，非常适于制作超高频、超大功率器件和芯片。但磷化铟对应力极度敏感，氮化镓工作结温极高，且由这两种材料制备的芯片与晶圆的热膨胀系数严重失配，同时集成在晶圆上的难度远超其他化合物半导体材料，这是当前异构集成技术瓶颈之一。

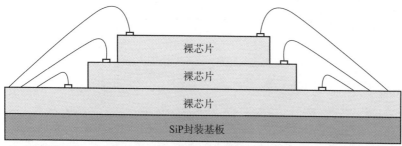

(a) 金字塔型堆叠：是指裸芯片按照自下向上从大到小的方式进行堆叠，形状像金字塔一样，故名金字塔型堆叠，这种堆叠对层数没有明确的限制，需要注意的是堆叠的高度会受封装体的厚度限制，以及要考虑到堆叠中芯片的散热问题。

(b) 悬臂型堆叠：是指裸芯片大小相等，甚至上面的芯片更大的堆叠方式，通常需要在芯片之间插入介质，用于垫高上层芯片，便于下层的键合线出线。这种堆叠对层数也没有明确的限制，同样需要注意的是堆叠的高度会受封装体的厚度限制，以及要考虑到堆叠中芯片的散热问题。

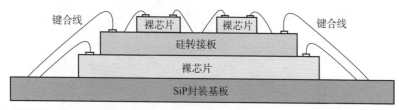

(c) 并排堆叠：是指在一颗大的裸芯片上方堆叠多个小的裸芯片，因为上方小的裸芯片内侧无法直接键合到 SiP 封装基板，所以通常在大的裸芯片上方插入一块硅转接板，小的裸芯片并排堆叠在硅转接板上，通过键合线连接到硅转接板，硅转接板上会进行布线，打孔，将信号连接到硅转接板边沿，然后再通过键合线连接到 SiP 封装基板。

图 4-23　四种最基本的芯片堆叠方式

| | TSV | 　 | TSV | |
|---|---|---|---|---|
| | 裸芯片 | | | |
| | 裸芯片 | | | |
| | 裸芯片 | | | |

SiP封装基板

(d) 硅通孔 TSV 型堆叠：一般是指将相同的芯片通过硅通孔 TSV 进行电气连接，这种技术对工艺要求较高，需要对芯片内部的电路和结构有充分的了解，因为毕竟要在芯片上打孔，一不小心就会损坏内部电路。这种堆叠方式在存储领域应用比较广泛，通过同类存储芯片的堆叠提高存储容量。

图 4 - 23　四种最基本的芯片堆叠方式（续）

　　诺斯罗普·格鲁曼公司通过"标准裸芯片"工艺，利用统一定义的铜制凸点和嵌入的应力缓冲层与散热通道，实现了磷化铟和氮化镓芯片与晶圆的异构集成。（图 4 - 24）

图 4 - 24　芯片设计

　　首先，在化合物半导体芯片的信号互联点以及 12 in 晶圆上制备铜制凸点，这些凸点具备统一的物理尺寸、间距、功能定义、信号传输类型、能耗，以及相同的信号时延，可实现高可靠电路信号传输；在铜质凸点上嵌入应力缓冲层，在晶圆上嵌入散热通道，解决应力敏感和高结温的瓶颈问题；然后，将芯片与晶圆上的凸点以及散热通道以精度高于 $1\ \mu m$ 的光学图像对准技术进行对准，并进行低温金属高密度键合，实现芯片异构集成。

"标准裸芯片"工艺需要制备并键合上百万个凸点，凸点键合成品率是衡量整个异构集成工艺水平的核心指标。目前，诺斯罗普·格鲁曼公司已实现成品率 99.94%，可同时集成多达 16 种氮化镓和磷化铟芯片，以及无源元件和功能模块；芯片间距小至 $3\ \mu m$；通过这种工艺制成的数模/模数转换器、取样保持电路、波形发生器等通过了功能演示验证。

以磷化铟和氮化镓为代表的化合物半导体芯片与晶圆的异构集成达到代工水平，标志着异构集成代工能力的全面形成，将推动功能集成度更高的微系统大规模生产，促进新一代信息化武器装备系统的发展。

### （二）日本成功研制出全球首个金刚石基金属氧化物半导体场效应晶体管

2017 年 8 月，日本国家材料科学研究所成功研制出全球首个金刚石基金属氧化物半导体场效应晶体管（MOSFET），可工作在两种不同工作模式下的逻辑电路中，向研制可在极端环境下工作的金刚石集成电路迈出关键一步（图 4 - 25）。

金刚石具有更高的载流子迁移率、更高的击穿场强和更高的导热能力。因此是研发可稳定工作在高温、高频和高功率环境下的电流开关和集成电路的理想材料。但是，一直以来很难使用金刚石基金属氧化物半导体场效应晶体管来控制阈值电压的极性，也很难在同一衬底上制造耗尽型和增强型两种不同模式的金属氧化物半导体场效应晶体管。金刚石与其他半导体特性对比，见表 4 - 1。

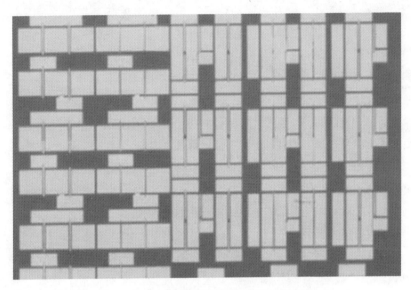

图 4 - 25　金刚石基逻辑电路的显微镜照片

表 4 - 1　金刚石与其他半导体特性对比

| 材料种类 | 带隙 $E_g/eV$ | 热导率 $\lambda$ / $[W/(cm \cdot K)]$ | 击穿电场强度 $E_B/(MV/cm)$ | 迁移率 $\mu$ / $[cm^2/(V \cdot s)]$ | 饱和速率 $V$ / $(\times 10^7 cm/s)$ | 介电常数 $\varepsilon$ |
|---|---|---|---|---|---|---|
| 金刚石 | 5.5 | 22 | 10 | 3 800(空穴)<br>4 500(电子) | 1.5~2.7(电子)<br>0.85~1.2(空穴) | 5.7 |
| SiC | 3.27 | 4.9 | 3.0 | 1 000(电子) | 2.0(电子) | 9.7 |
| GaN | 3.4 | 1.5 | 2.5 | 2 000(电子) | 2.5 | 8.9 |
| Si | 1.12 | 1.5 | 0.3 | 1 400(电子) | 1.0 | 11.8 |

　　日本研究团队通过使用由该团队开发的阈值控制技术,在同一衬底上实现了耗尽型和增强型金刚石金属氧化物半导体场效应晶体管,并成功研发出分别采用耗尽型和增强型模式的金刚石金属氧化物半导体场效应晶体管逻辑电路。

　　金刚石基晶体管逻辑电路有望应用于研发可稳定工作在高温、强辐射等极端环境下的数字集成电路,对于军用卫星、航天器等空间军事应用系统装备的可靠性提升具有重大影响。

## （三）美国开发出基于下一代电力电子半导体材料氧化镓全新耗尽/增强型场效应晶体管

2017 年 1 月，美国普渡大学研究人员开发出基于下一代电力电子半导体材料氧化镓（$\beta - Ga_2O_3$）的全新耗尽/增强型场效应晶体管，可用于制造电网、军用舰船和飞机中的超高效开关。

研究团队采用胶带粘贴法从锡掺杂浓度为 $2.7 \times 10^{18}$ cm$^{-3}$ 的氧化镓块体材料中剥离出氧化镓纳米薄膜，然后转移至具有 300 nm 厚二氧化硅绝缘层的硅晶圆表面制成高性能耗尽/增强型绝缘体上氧化镓场效应晶体管。

经实验验证，该晶体管的漏极电流达到创纪录的 600/450 mA/mm，比当时报道过的所有同类晶体管高一个数量级。此外，通过改变氧化镓纳米薄膜的厚度还可以调节晶体管的阈值电压。由于氧化镓与二氧化硅界面间的良好接触性，使晶体管具有了优良的传输特性，开关电流比达到 $10^{10}$，亚阈值摆幅低至 140 mV。当增强型绝缘体上氧化镓场效应管的源漏间距为 0.9 $\mu$m 时，击穿电压为 185 V，平均电场达到 2 MV/cm，这表明该晶体管非常有潜力应用于未来大功率器件中。

普渡大学研制的高性能耗尽/增强型绝缘体上氧化镓场效应晶体管凭借氧化镓材料的超宽禁带特性，具有更高击穿电压，将在军用或民用大功率高压开关领域拥有广阔的应用前景。

此外，采用基于氧化镓的晶体管开关替代当前效率低、体积大的传统硅基电力电子开关，还有助于降低全球能源使用量，减少温室气体排放。

## 四、新材料器件前沿技术在二维材料生长和先进器件开发等方向成果显著

### (一) 美国开发出二硫化钼二维材料多端子忆阻晶体管

当前，计算机算法已经具备了执行类脑功能的能力，如面部识别和语言翻译，但是计算机本身却还不能像大脑一样运行。计算机需要依靠相互独立的处理和存储单元执行运算的功能，而大脑则只需要利用神经元就可以同时完成这两项工作。与数字计算机相比，神经网络可以极低的功耗完成更为复杂的运算。为此，近年来，研究人员一直在寻找能使计算机变得更像神经形态的大脑一样的方法，以实现更加高效的复杂运算。

2018 年 2 月 21 日，美国西北大学麦克科马克工程学院开发出多端子忆阻器晶体管。该器件集忆阻器和晶体管特性于一身，含有多个端子，能以与人类大脑神经元近乎相同的方式运行，可同时执行记忆存储和信息处理任务，为实现更加高效和复杂的类脑计算带来新的希望（图 4 - 26）。

忆阻器全称为记忆电阻器，是继电阻、电容、电感之后的第四种无源电路元件。忆阻器的原始理论架构由华裔科学家蔡少棠于 1971 年提出。2008 年，惠普信息和量子系统实验室首次证实了忆阻器的存在，并研制出首个具有典型特征的忆阻器原型。

忆阻器与磁通量、电荷相关，本质上是一种具有记忆功能的双端子非线性电阻，工作方式类似于可变电阻，可对通过的电流大小产生记忆，具有较强的耐用性和高于闪存的读写速度，已成为当前制造非易失性阻变式随机存取存储器的关键器件。

此外，忆阻器还具备逻辑运算的能力，其独特的记忆特性也与人类大脑突触在生物电信号刺激下的自适应调节极其相似，是目前已知的功能最接近神经元的器件。

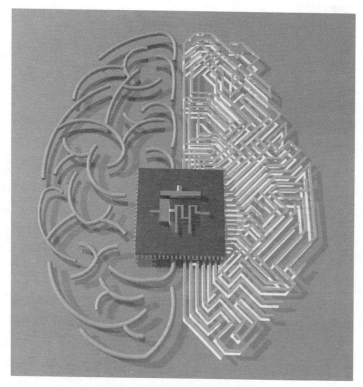

图 4-26 多端子忆阻器晶体管

然而，虽然忆阻器具备类似大脑神经元的基本神经性功能，但要实现与人脑相当的计算能力还远远不够，因为人脑中突触的数量是神经元数量的数千倍，而普通忆阻器只含有两个端子。

为实现更复杂的类脑计算，需要含有多个端子的新型忆阻器件，构成更接近于人脑结构和功能的复杂神经网络。近年来，虽已涌现出三端子威德罗-霍夫忆阻器、纳米离子栅场效应晶体管、悬浮栅场效应晶体管等新型多端子器件，但它们始终无法使晶体管产生有效的记忆性阻态转换。为此，西北大学麦克科马克工程学院在美国国家标准与技术研究院和美国国家科学基金会的支持下，开展了多端子忆阻晶体管研发，旨在开发出性能超越传统双端子忆阻器的新型忆阻器件。

　　与先前忆阻器中仅单独使用小片二硫化钼材料不同的是，在忆阻器晶体管中，研究人员采用了由大量二硫化钼薄片组成的连续的二硫化钼多晶薄膜。这有助于研究人员将单个器件制造扩展为在整个晶圆上进行的多器件生产。

　　西北大学开发的多端子忆阻晶体管具有类似于普通场效应晶体管的基本结构，由栅极、介电层、沟道层、金电极端子层四部分构成。与普通场效应晶体管不同，多端子忆阻晶体管的栅极位于器件最底层，由经过掺杂的多晶硅衬底构成。栅极上方是 300 nm 厚的热二氧化硅介电层。介电层上方是利用化学气相沉积法得到的单层二硫化钼多晶薄膜沟道层。金电极端子层分布在沟道层上方，由金质源/漏极和位于两者之间的多个内电极组成。

　　多端子忆阻晶体管在物理上相当于多个忆阻器和一个场效应晶体管的组合。器件中每个金电极和所接触的二硫化钼多晶薄膜都能构成局部的忆阻器，其阻态高低由二硫化钼的晶格缺陷浓度决定。因此，偏压诱导作用下，金电极与二硫化钼多晶薄膜界面肖特基势垒高度动态改变所驱动的二硫化钼晶格缺陷定向移动，是实现忆阻晶体管有效记忆性阻态转换的根本原因。

　　经 475 次连续性循环测试试验后，多端子忆阻晶体管高低阻态电流比和漏极电流大小稳定，且均未发生明显改变，证明器件耐久性良好。此外，经电脉冲模拟实验验证，忆阻晶体管对正、负电脉冲信号的反应时间分别为 2 ms 和 6 ms，已达到人类大脑突触水平。

　　西北大学的多端子忆阻晶体管具有与人类大脑神经元接近的多端子结构，能实现有效的记忆性阻态转换且耐久性良好，是忆阻器件研究领域的突破性成果，有望成为未来新式类脑计算的基本电路元件。

　　下一阶段，研究人员将进一步提升忆阻晶体管的运行速度、减小器件尺寸、提高制造水平，努力实现忆阻晶体管的大规模批量生产，为实现类脑计算的飞跃式发展奠定基础。

## （二）美国开发出基于石墨烯的远程外延技术

2017 年 4 月，美国麻省理工学院开发出基于石墨烯的远程外延技术，实现了以Ⅲ-Ⅳ族单晶材料为衬底、以单层石墨烯作中间层的范德瓦耳斯外延生长。

研究人员首先采用密度泛函理论，借助平面波赝势程序，对石墨烯中间层存在条件下闪锌矿立方晶系砷化镓衬底沿（001）晶面的范德瓦耳斯外延生长过程进行模拟计算，发现石墨烯中间层厚度小于 9 Å（1 Å = 0.1 nm = $10^{-10}$ m）时砷化镓范德瓦耳斯外延生长不受影响，验证了以单层石墨烯（厚度小于 9 Å）作中间层对砷化镓衬底实施范德瓦耳斯外延生长的理论可能性。

随后，研究人员通过实验分别实现了以（001）晶面Ⅲ-Ⅴ族砷化镓、磷化铟、磷化镓为衬底，以单层石墨烯为中间层的同质外延生长。第一步，采用低压化学气相沉积工艺，在 1 000 ℃高温下的铜箔表面生长单层石墨烯，然后将单层石墨烯转移至Ⅲ-Ⅴ族衬底表面。第二步，采用金属有机化学气相沉积工艺，实现Ⅲ-Ⅴ族衬底的外延生长。先在 450 ℃和 100 Torr（1 Torr = 133.322 Pa）压强下，促使Ⅲ-Ⅴ族材料在石墨烯表面成核，然后，再将温度升高至 650 ℃完成整个外延生长。第三步，利用热分离胶带将Ⅲ-Ⅴ族材料外延层从石墨烯表面快速剥离。

晶圆是制造半导体元器件的必需品。2016 年，全球半导体企业晶圆采购成本投入高达 72 亿美元。远程外延新技术以石墨烯作中间层对晶圆衬底实施范德瓦耳斯外延生长，得到的外延层易于剥离，可实现晶圆尤其是昂贵非硅基晶圆的多次重复利用，将大幅降低半导体制造中的晶圆采购成本（图 4 - 27、图 4 - 28）。

## （三）美国 IBM 公司制造出先进碳纳米管 p 沟道晶体管

2017 年 6 月，IBM 研究中心宣布，制造出基于碳纳米管的先进 p 沟道晶体管，尺寸仅 40 $nm^2$，比最先进的硅基晶体管小一半以上，

图 4 - 27　石墨烯"复制机"可能生产廉价的半导体晶圆

图 4 - 28　晶圆是半导体行业的核心材料

且工作电压更低。

制造该晶体管的关键技术有两点：一是使用直径 1 nm 的碳纳米管代替硅作为晶体管沟道，使器件栅极长度可以减小到 10 nm，且器件性能不受短沟道效应的影响，运行速率更快；二是采用端接触点，可将碳纳米管晶体管的接触点长度从 300 nm 缩小到仅 10 nm，且不会增加接触电阻。

碳纳米管晶体管尺寸更小，工作电压更低，有望替代传统硅基互补型金属氧化物半导体晶体管应用于下一代电子设备中。

## 五、特种功能器件前沿技术有望获得大规模推广和应用

### （一）新型可自愈封闭式相变存储器问世

2018 年 2 月 6 日，美国耶鲁大学与 IBM 华生研究中心合作开发出新型可自愈封闭式相变存储器。该器件颠覆了传统相变存储器结构，采用封闭式相变介质，具备可自愈功能和超强耐久性，有望取代静态随机存储器、动态随机存储器和闪存，成为未来非易失性存储器的主流产品。

相变存储器是一种利用物质相变过程实现信息存储的非易失性存储器件。相变存储器的核心是以硫系化合物为基础的可逆相变介质，它可通过晶态（低阻态）和非晶态（高阻态）的导电性差异实现信息存储功能（图 4 - 29）。

相变存储器综合了当前半导体存储器市场几乎所有主流存储器的优良特性，具有优越的可缩微性、良好的非易失性和较低的功耗，能与传统互补金属氧化物半导体工艺相兼容，被认为是下一代非易失性存储技术的最佳解决方案之一。然而，想要实现大规模应用，相变存储器还必须具备强大的耐久性。

为进一步改善相变存储器耐久性，加速相变存储器大规模应用，

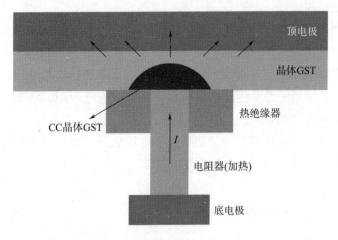

图 4-29　相变存储器结构示意图

耶鲁大学与 IBM 华生研究中心，在美国国家科学基金会新兴前沿领域研究创新计划二维原子层研究与工程子项目的资助下，开展了强耐久性新型相变存储器研究。

　　与传统相变存储器相似，耶鲁大学与 IBM 华生研究中心开发的新型相变存储器同样以锗–锑–碲合成材料，作为器件的核心相变介质。不同之处在于，传统器件的核心相变介质呈伞状结构，而新器件则采用了颠覆性的封闭式纳米柱状结构（图 4-30）。

　　新型存储器结构主要分为顶部电极、底部电极和锗–锑–碲相变介质三部分：顶部和底部电极均由氮化钛材料制成，分别位于器件上下两端，顶部电极与电压脉冲源相连，底部电极接地；相变介质介于两电极之间，呈上粗下细的纳米柱状结构，顶部直径约为30 nm，底部直径约为 20 nm，由金属氮化物外衬层紧密包裹，形成全封闭式结构。

　　新型相变存储器的复位和置位，通过施加在器件顶部电极的电压脉冲进行控制：对器件实施复位操作时，需要向顶部电极施加大小 2.8 V，长 40 ns，且具有 19 ns 后沿的电压脉冲，使锗–锑–碲相变介质变为无定形非晶态，即高阻态逻辑"0"；在进行置位操作时，

图 4 - 30　可自愈封闭式相变存储器

需要向顶部电极施加大小 1.5 V，长 630 ns，具有 900 ns 后沿的电压脉冲，使相变介质重结晶为晶态，即低阻态逻辑"1"。

器件的可自愈能力源自电场力作用下相变介质中锑金属阳离子的电迁移。通过控制施加在顶部电极偏置电压的符号，可使锑金属阳离子定向移动到相变介质中的空隙缺陷处实施修复性填充，避免了由空隙缺陷引起的存储器置位状态疲劳失效。

金属氮化物外衬层在器件自愈过程中起到了关键性作用：当电流流经外衬层时，可产生足够的焦耳热使相变介质熔化，减小了锑金属阳离子在相变介质中定向移动的阻力；此外，金属外衬层还起到了阻止锑金属阳离子向周边扩散的作用，从而进一步增强了器件的耐久性。耐久性试验结果显示，新型封闭式相变存储器在经过多达 $2 \times 10^{12}$ 次的连续开关循环测试后功能依然正常，刷新了相变存储器的耐久性纪录。

美国耶鲁大学和 IBM 华生研究中心通过对锗-锑-碲相变介质结

构的颠覆性全封闭式设计，使相变存储器拥有了超强的可自愈能力，极大地改善了相变存储器的耐久性，对相变存储器在未来的大规模推广和应用起到了强有力的推动作用，为下一代非易失性存储技术的实现奠定了基础。

### (二) 美国范德堡大学开发出可自分解电路板

2017 年 7 月 7 日，美国范德堡大学开发出可自分解电路板，该电路板包含导电迹线和电容器，系统中包括一系列通过聚合物保持在一起的银纳米线，聚合物在室温或较高温度下具有疏水性，但在较低温度下具有亲水性，所以必须保存在 32 ℃以上的温度环境中才能正常工作，当温度低于 32 ℃时将被冷却并迅速溶解。

利用该技术可制成安全军事应用芯片，避免敌方通过截获的武器装备或人员所携带的专用电路板获取关键军事信息。此外，该技术也有很多普通应用价值。金属纳米粒子在很大程度上是无毒的，甚至是抗微生物的。因此，使用该技术可制成射频身份标签植入病人体内，甚至家畜中，作为跟踪监测生物健康状态的方法。

# ┃第五章┃
# 国内微系统发展情况

中国作为全球最大的电子产品生产基地，消耗了全球四分之一的 MEMS 器件，成为 MEMS 产业领域最重要的市场之一。然而我国在微系统技术领域发展时间短，目前的微系统企业普遍规模较小、专业平台支撑能力不足、技术成果转化周期长，仅有个别企业和个别产品在国际市场具有较强竞争力。

　　从产业创新与应用的整体性看，我国微系统产业链上各环节仍处于各自发展的状态，缺乏对产业链层面的共性技术、平台核心工艺、目标产品的规模制造等方面的整合。

　　为了进一步推动我国微系统技术和产业的快速发展，我国制定了相关政策并成立产业联盟。在外部利好的形势下，我国微系统技术企业取得了多项技术突破，缩小了与国外先进技术的差距（图 5 - 1、图 5 - 2）。

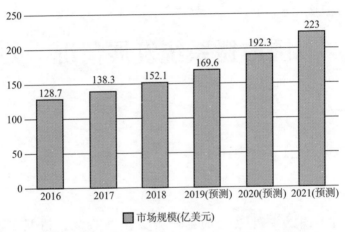

图 5 - 1　2016—2021 年全球 MEMS 市场规模及预测

# 一、发展现状

## （一）我国出台促进微系统产业发展的规划

　　在国家相继出台了《物联网"十二五"发展规划》《电子信息制造业"十二五"发展规划》《集成电路产业"十二五"发展规划》《"十二五"国家战略性新兴产业发展规划》后，为了进一步推动微系统产业快速发展，2014 年 6 月，国务院印发《国家集成电路产业

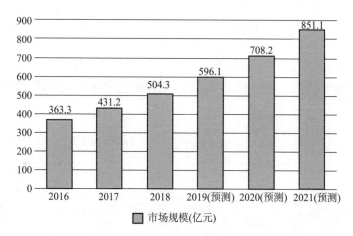

图 5 - 2　2016—2021 年中国 MEMS 市场规模及预测

数据来源:《2019 年中国 MEMS 传感器潜力市场暨细分领域本土优秀企业》白皮书。

发展推进纲要》,部署充分发挥国内市场优势,营造良好发展环境,激发企业活力和创造力,带动产业链协同可持续发展,加快追赶和超越的步伐,努力实现集成电路产业跨越式发展(图 5 - 3)。

《国家集成电路产业发展推进纲要》中的第二项重点发展任务是加速发展集成电路制造业发展,加快 45/40 nm 芯片产能扩充,加紧 32/28 nm 芯片生产线建设,迅速形成规模生产能力。加快立体工艺开发,推动 22/20 nm、16/14 nm 芯片生产线建设。大力发展模拟及数模混合电路、微机电系统(MEMS)、高压电路、射频电路等特色专用工艺生产线。增强芯片制造综合能力,以工艺能力提升带动设计水平提升,以生产线建设带动关键装备和材料配套发展。

为了落实发展纲要,2014 年 11 月 28 日,中国半导体行业协会 MEMS 分会在苏州工业园区成立,致力于进一步整合国内 MEMS 产业领域资源,促进产业链上下游企业协同创新,推动 MEMS 产业发展(图 5 - 4)。目前,该协会已吸引首批百余家会员单位加入,涵盖全国各地的研究所、院校、企业及服务机构等。

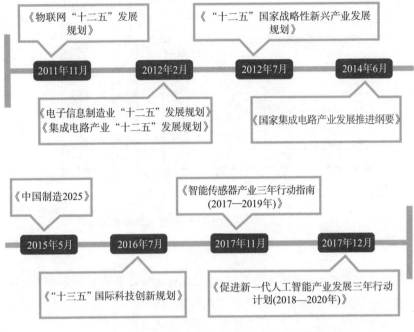

图 5 - 3　我国出台促进微系统及相关产业发展的规划

图 5 - 4　MEMS 产业链

## （二）我国企业突破微系统多项关键技术

在我国，大多数的微系统制造企业与科研机构和大学形成了良好的产学研合作模式。经历多年技术积累与发展，近几年，我国在多个微系统关键技术领域取得重要突破。

2015 年 4 月 9 日，中国电子科技集团公司第十三研究所承担的863 计划先进制造技术领域项目"6 英寸 SoI MEMS 标准加工技术及在高性能 MEMS 器件中的应用"通过科技部组织的专家验收。该项目针对航空航天、汽车、地质勘探、物联网等高端市场对高性能 MEMS 器件的迫切需求，突破了高精度体硅 SoI 结构关键工艺技术、体硅 SoI 圆片级封装技术、微小参数圆片级自动测试及低应力封装等关键技术，建立了圆片级在片测试系统，形成了适用于高性能 MEMS 器件加工的 6 英寸 SoI MEMS 标准工艺，实现了批量封装生产。

目前，6 英寸 SoI MEMS 标准工艺和封装技术已经用于 MEMS 陀螺仪、加速度计、振动传感器、碰撞传感器、MEMS 光开关、VOA 及压力传感器等高性能 MEMS 器件的批量加工，已为国内多家 MEMS 设计单位提供了批量加工服务，提升了我国 MEMS 行业的整体水平。我国 MEMS 传感器行业产品各区域分布结构如图 5 - 5 所示。

图 5 - 5　我国 MEMS 传感器行业产品各区域分布结构

2014 年 9 月底，由江苏省"十二五"重大科技平台项目和工信部"工业转型升级服务平台项目"共同支持的苏州纳米科技发展有限公司 6 英寸微机电系统中试线的首个产品正式交付客户，这意味着国内首条全开放、市场化运作的 6 英寸微机电系统中试线正式运营，为我国中小 MEMS 企业发展扫除了障碍。

### (三) 国内企业在部分微系统领域实现赶超

微系统横跨集成电路和传感器两大领域，代表着国家尖端科技和核心基础产业的发展水平。我国相继出台了多项微系统发展战略，对微系统产业进行大力扶持。尽管我国在微系统技术领域发展时间短，当前微系统企业普遍规模较小，但是在我国科研人员的努力下，我国部分企业在微麦克风、微内窥镜胶囊等技术领域实现了赶超，并且 2014 年，我国有两家企业入围了全球 MEMS 供应商前 30 强。

根据市场调查机构 Yole 的数据，2014 年，全球 MEMS 供应商前 30 强榜单中，瑞声科技和歌尔声学入围，分别排在第 20 名和 27 名。这两家企业非常重视技术研发投入，自 2011 年起，这两家企业的研发投入始终保持在 2 000 万元人民币以上，2013 年更是达到了创纪录的 4 000 万元。如此高的研发投入也产生了丰厚回报，两家企业到 2014 年中所掌握的专利数量分别达到了 2 520 件和 1 190 件。

重庆金山科技有限公司成功开发了胶囊内镜、胶囊机器人、pH 胶囊、阻抗 CT 等数十项国际领先水平的医疗器械。公司自主研发的 OMOM 胶囊内镜是一种新型的无创、无痛消化道疾病智能诊断设备，是小肠疾病诊断的金标准，也是消化道体检的最佳手段。北京博奥生物有限公司已经研发出了多种生物芯片，在国内外均有较高的知名度。博奥生物以清华大学、中国医学科学院等科研单位为技术依托，研发实力较强。

### (四) 国内企业积极开拓微系统新应用领域

在传统的汽车工业、消费电子等应用领域，国内企业由于技术和工艺的差距，短时间内难以与国外厂商竞争，因此应转变发展思路，大胆进行产品创新，开拓新微系统产品应用领域，在新领域抢占先机（图 5 - 6）。

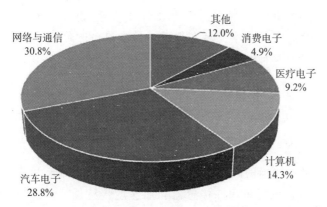

图 5 - 6　2018 年我国 MEMS 各应用领域市场占比

上海森谱科技有限公司在 2015 年推出了一款微型气相色谱仪。这款微型气相色谱仪采用基于 MEMS 工艺的微机械进样器和微型热导检测器（$\mu$ - TCD），其池体积只有 200 nL，不到传统色谱仪的 1/20，灵敏度可以到 $0.5 \times 10^{-6}$，具有传统 TCD 无法比拟的优势。

微机械进样器和微型热导检测器（$\mu$ - TCD）连同小口径色谱柱，多通道并行的分析方法，在数秒钟内即可提供气体样品的分离结果，实现超快的分析速度。凭借其坚固、紧凑的设计和实验室级的精确气体分析能力，森谱微型气相色谱仪能在短时间内更多、更快、更好地输出数据，有利于客户的业务决策。

2015 年 8 月，合肥中科院固体物理研究所与中科院上海微系统所合作，采用微纳融合策略，研制了一款便携式化学气体分析仪，并与解放军防化学院相关研究组合作，探索了该器件在微量高毒性生化战剂（如沙林）检测方面的应用。

该分析仪将基于有机模板的微/纳结构有序多孔薄膜与微机电系统的微型基板相结合，进而成功研制出高性能电阻型薄膜气敏器件，获得了秒级快响应、痕量检测限与 10 mW 级低功耗等优越的器件性能。

该 MEMS 器件可检测到低至 $6 \times 10^{-9}$ 浓度的沙林毒气，是目前采用金属氧化物半导体型气敏传感器可检测到的最低浓度。未来，该设备将以低廉的成本安装在地铁等易受攻击的公共场所，进行快速简便的沙林等神经毒气检测。

## 二、国内微系统主要企业

### (一) 中星测控：研发实力雄厚

中星测控当前的产品主要是 MEMS 惯性传感器、压力传感器、汽车电子等，包括角速率传感器和加速度传感器，惯性测量单元，航姿系统，压力变送器，智能测力传感器，电流电压传感器和汽车转速、轮速传感器等，上述产品已获得 16 项国家专利。该公司的亮点在于目前设有的四个研究机构：惯性产品研究室、光电传感研究室、汽车电子研究室和力与压力研究室。

拥有 100 多名员工的中星测控，具有较强的研发实力，研发团队由多名博士、硕士、专家教授近 30 人组成，90％以上员工为大学以上学历。此外，目前传感器市场中占比最大的为惯性传感器、压力传感器及温度传感器，手握两大类多种传感器产品及专利的中星测控，已经成为陕西 MEMS 产业集群当中的一大龙头。

### (二) 敏芯微电子：具有独特技术

敏芯微电子是专注于 MEMS 微型硅麦克风、硅压力传感器技术研发的企业。该公司已经成功研发面向 MEMS 微硅传感器制成的 SENSA 工艺（密封气腔体之上的硅外延层工艺），并将该工艺应用于公司生产的微硅压力传感芯片 MSP 系列产品中，提升传感芯片的尺寸、精度、可靠性、可加工性的参数，以及降低成本。迄今为止，只有德国、意大利与美国的少数知名半导体企业掌握了类似技术，并且实行技术垄断，而敏芯微电子已经在中国大陆与美国申请了该技术的专利，并且成功获得了授权。

### （三）歌尔声学：高成长潜力仍存

作为国内知名的 MEMS 麦克风、MEMS 扬声器生产厂家，歌尔声学与中科院声学所、北京邮电大学等国内外多家知名高校和科研机构达成的长期战略合作伙伴关系，是其最大的一笔财富。而在2011年，该公司进行了定向募资，融资 23.81 亿元用于 5 个项目建设，分别为微型电声器件及模组扩产项目、高保立体声耳塞式音频产品扩产项目、智能电视配件扩产项目、家用电子游戏机配件扩产项目和研发中心扩建项目。

主业务回归电声器件后，歌尔声学不但能够大幅度提升自身产能，而且巩固了自身在全球电声器件的市场份额，按照该公司目前的增长趋势，歌尔声学已经向处于其排名前一位的瑞声声学发起了猛烈的冲击。值得关注的是，该公司已经逐步完成了产业上下游之间的前期整合，这将对其产品销售的毛利率提升起到重要的作用。

### （四）瑞声科技：保持稳健发展

作为国内生产 MEMS 受话器、扬声器、扬声器模组、多功能器件、MEMS 传声器、讯响器及耳机的龙头企业，进入 2011 年后，瑞声科技的增长势头并没有减弱，手机、游戏机控制摇杆、便携式计算机及其他消费型电子装置等消费电子市场的高增长，保证了公司足够的发展潜力，使得公司仍然保持了比较稳健的发展。

而根据 GSII 目前在全球市场的调查结果显示，上述领域的电声器件应用在未来 3～5 年仍将保持高速发展的态势，业内各产业链环节拥有足够广阔的市场。

### （五）青鸟元芯：老牌厂商蓄力待发

作为国内老牌的微型湿度传感器、MEMS 压力传感器、加速度传感器研发厂家，青鸟元芯以"北京大学微电子学研究院""微米/

纳米加工技术国家级重点实验室"为技术依托,同时还与各大学、一汽集团、电子科技集团传感技术研究所等国内外著名科研院所保持着密切的合作。强大的人才优势和雄厚的技术基础,使其在技术上具有明显的竞争力。

目前,青鸟元芯已经批量生产系列化微型湿度传感器及模块、MEMS 压力传感器芯片、MEMS 压力传感器、加速度传感器及相关传感器模块,并提供解决方案。同时,该公司采用具有国际先进水平的 MEMS 设备生产,生产能力达到月产传感器十万只以上;产品的测试环境也居国内先进水平。

### (六) 深迪半导体:专注于陀螺仪的新秀

深迪半导体是目前国内少数做 MEMS 陀螺仪设计和封装的公司之一,主要面向电子消费、GPS、汽车电子、数码相机和反恐领域等行业应用,产品线包括低端和中端的 MEMS 陀螺仪系列惯性传感器。

从行业竞争力体现来看,其公司最大的亮点是其产品的性价比非常高,以及利用自身对国内市场的熟悉度推出具有本地化设计思路的解决方案。据悉,该公司已经推出数款 MEMS 陀螺仪产品,并与 X - FAB 硅芯片代工集团合作对产品实现了量产。同时,深迪半导体还在国内申请了超过 20 项的相关专利。

### (七) 金山科技:数字化医疗设备龙头

重庆金山科技 (集团) 有限公司是集数字化医疗设备研发、生产、销售和服务于一体的国家级高新技术企业。公司以微系统技术为核心,承担了包括国家"863 计划"、国家科技攻关计划、国际合作计划等数十项国家级科研计划,成功开发了胶囊内镜、胶囊机器人、pH 胶囊、阻抗 CT 等数十项国际领先水平的医疗器械,是全球唯一成功开发出可控胶囊内镜的企业。

公司的产品和解决方案已经应用于西班牙、意大利、英国、德国、俄罗斯、印度等 60 多个国家和地区。公司自主研发的 OMOM 胶囊内镜是一种新型的无创、无痛消化道疾病智能诊断设备，是小肠疾病诊断的金标准，也是消化道体检的最佳手段，获得"国家信息产业重大技术发明奖"，被科技部认定为"国家自主创新产品"和"国家重点新产品"。

## （八）宝鸡秦明：军工生产背景延续到商用

以压力传感器为主营业务的宝鸡秦明传感器有限公司，是以中国第一个传感器专业研究所宝鸡传感器研究所为其研究开发中心的 MEMS 企业，由宝鸡传感器研究所、宝鸡秦岭传感器厂、计控设备分厂、机械加工分厂、晶体管分厂改制组建而成，拥有雄厚的技术开发实力。

该公司以生产各种行业专用和特种用途传感器而著称于国内军工、科技领域，为我国战略导弹、新型战机、核武器、防御工事、水下兵器等尖端军事工业做出过卓越贡献，其多种系列的 MEMS 传感器在商用市场上更是拥有非常高的市场地位，如高温压力传感器及高温高压传感器、超高载微差压传感器等。

## （九）昆仑海岸：乘政策东风或发展利好

北京昆仑海岸传感技术有限公司的主要产品有各种传感器、变送器、测控仪表、工业模块、数据采集、各类环境监控系统、专用控制系统应用软件及嵌入式系统等，这些产品在电信、电力、石化、环保、造纸、冶金、食品、医疗、暖通空调等领域有着广泛的应用。

其中，差压变送器、差压传感器、无线压力传感器、无线压力变送器、无线变送器等各种传感器和变送器是其立足国内传感器领导者企业之一的资本。该公司在无线传感器、智能压力变送器方面的研发及生产，跟国内智能电网的市场契合度高，将迎来重大发展机遇。

# | 第六章 |
# 微系统技术典型应用

　　微系统技术是未来增强国防实力的重要支撑技术，对未来科学技术的发展有着革命性的影响，在军民两个领域都有着广泛应用。

　　随着电子系统向多功能化、微型化、智能化方向发展，未来电子系统将更加依赖高集成度的封装器件，并将广泛采用可以执行各种功能的微系统器件来改善其性能，实现轻量化、小型化、精确化。

　　应用微系统技术对加速电子系统性能的全面提升、有效降低成本具有重大意义。在军用领域，微系统技术目前主要应用于战场感知与控制、惯性导航测量、微型飞行器、军用射频组件、空间与车载雷达、微纳卫星发射、新型光电集成器件等领域。在民用领域，微系统技术目前主要应用于消费领域和医疗领域（图 6-1、表 6-1）。

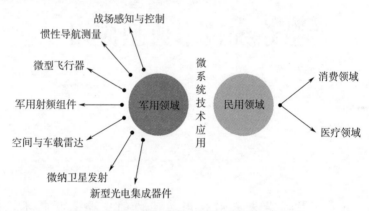

图 6-1　微系统技术在军用和民用领域的应用

表 6-1　微系统产品及其应用示例

| 产品 | 应用示例 | | | | | |
|---|---|---|---|---|---|---|
| | 消费电子 | 医疗 | 通信 | 航天/防务 | 汽车 | 其他 |
| 惯性传感器 | 游戏控制器、图像稳定器、硬盘保护 | 运动跟踪、起搏器 | | 制导、导航 | 安全气囊、车身控制、悬架控制、翻滚检测 | 科学探索、机器人、机器振动检测 |
| 光学产品 | 微显示器自动对焦镜头 | 自我监测微光谱仪 | 光学开关可调滤波器 | | | |
| 射频MEMS | | | 可调电容振荡器、开关 | 雷达、通信射频前端 | | 开关、振荡器、延迟器 |
| 微麦克风 | 手机、便携式计算机、摄影机 | 助听器 | | | 免提电话 | |
| 微流控器件 | 打印机喷嘴 | 编写医疗分析仪探针 | | | | 微冷却器、微反应器、气体、液体微色谱分离器 |
| 压力传感器 | 健康手环、海拔测量器 | 血压传感 | | 飞行控制杆、驾驶舱压力监测、液压系统监测 | 胎压监测、气压监测 | |
| 流量传感器 | | | | | 发动机进气量监测 | |
| IR传感 | 室内温度、控制烟雾报警 | | 热辐射、诊断 | | 防撞报警 | 工业环境监测、家用医疗微波控制 |
| 其他 | 指纹验证 | | | 生物特征识别 | | |

## 一、战场感知与控制

微感知主要是指利用微传感器对环境或流体的压力、速度、温度等进行感知，微控制主要是指利用微致动器实现微喷射、微执行等局部或微位移的控制任务（图6-2、图6-3）。微感知与微控制目前最主要的应用是远程监视战场感知传感器系统、微量化学品探测器、微流动控制以及健康与使用状态监控等。

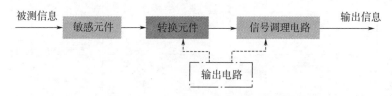

图6-2　微传感器工作原理示意图

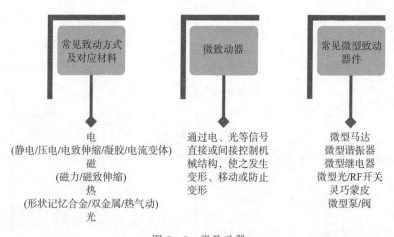

图6-3　微致动器

## （一）远程监视战场感知传感器系统

远程监视战场感知传感器系统如图6-4所示，是用于探测、分类和目标定向的全军事化的无人值守地面感知传感器系统。它可全球范围部署，是一种全天候、昼夜作战的视距系统，可在各种地形条件下为战场指挥官提供早期警戒、监视和部队保护能力。它能够进行目标分类、识别，提供目标位置、方向和速度等参数。

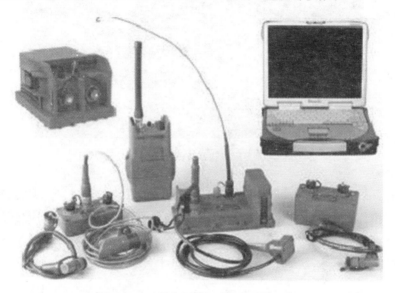

图 6-4 远程监视战场感知传感器系统

该系统已部署到美军陆战队，以支援全球范围内的情报、安全、监视和部队保护行动。这种抗干扰、反电子对抗的系统是美陆军第一位的远程控制、无人值守地面感知传感器系统。

美军先后开展了收集战场信息的"智能微尘"系统、远程监视战场环境的"伦巴斯"系统、侦听武器平台运动的"沙地直线"、专门侦收电磁信号的"狼群"系统等一系列传感系统的研究与应用，把指挥控制系统、战略预警系统、战场传感系统、战备执勤监控系统、装备物资管理可视化系统等资源整合起来，构建集中统一的战场传感网络体系，实现战场实体基础设施与信息基础设施互联互融互通的目标（图 6-5）。

美军的战场传感网络体系涵盖传感器、弹药、武器、车辆、机

图 6 - 5　美军加快推进战场感知系统建设

器人以及作战人员可穿戴设备等，可以选择性地收集处理信息、协作执行防御行动和对敌人实施各种效应等。目前美军已经在全球范围部署了超过数万台射频识别技术设备，战时运用这些先进技术装备，可以实现战场全维全程可视、作战平台互融互联互通。

## （二）微量化学品探测器

2013 年 9 月，美国海军研究实验室研制出一种新式小型轻量化传感器，这种传感器由在多孔电极上垂直排布的硅纳米线组成，可提高探测简易爆炸物的能力。

美国海军研究实验室的目标是研制出可安装在手机上的战场分布式传感器，呈三维结构、垂直排列的硅纳米线，可集成至手机上检测化学物品。美国海军研究实验室希望推广这种低功耗、低成本传感器，革命性改善战场或机场等环境中对微量化学物品的检测能力。2013 年，纳米传感器对微量化学物品检测的敏感度已达十亿分之一，并有望达到万亿分之一。

2013 年 10 月，美国通用电气公司宣布与美国多家科研院所合作，开发仿生光敏传感器（图 6 - 6）。

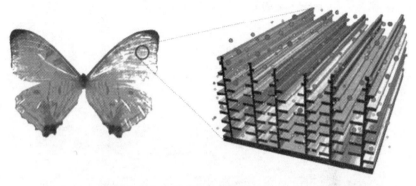

图 6-6 仿生光敏传感器

这种传感器的灵感来自蝴蝶翅膀，其纳米结构具备高敏锐感光性和化学感知特性。这种传感器有望应用在爆炸物检测领域。蝴蝶翅膀鳞片具有一种对周围气体环境非常敏感的纳米结构，当接触到微量化学成分挥发物时，就显示射出不同的颜色。观察蝴蝶翅膀的颜色变化，就可以了解其周围气体的化学成分。

通用电气公司试图复制蝴蝶翅膀纳米结构的独特传感功能，开发一种全新的动态传感平台，用以检测空气中的化学物质浓度，提高检测数据质量，提供以往无法获得的细节信息。

由于这种传感器可以做得很小，成本很低，这也使得大规模便捷生产成为可能。独特的性能连同尺寸和生产成本的优势，让通用的仿生传感器可以广泛地应用在其他重要的领域，如工业及健康领域等，这些应用包括：爆炸物检测，发电厂的排放监测，食品饮料的安全监测，家用、环境及工业中的水质检测，疾病诊测中的呼吸气体分析、伤口愈合评估等。

### (三) 微流动控制

美国加州大学洛杉矶分校（UCLA）和加州理工大学采用深度反应离子刻蚀（DRIE）工艺，将 MEMS 应力传感器阵列通过柔性PCB 植入柔性聚酰亚胺蒙皮中，无需引线键合，该阵列系统已经在风洞和无人机上成功试验，最终将实现无人机的实时机动控制。

　　长 3 cm、宽 1 cm 的柔性切应力传感器蒙皮，由许多薄/厚聚酰亚胺薄膜连接的独立硅岛组成，上面有 100 个传感器，蒙皮厚 17 $\mu$m，硅岛厚 75 $\mu$m。这种"智能蒙皮"在美国航空环境公司的三角翼无人机上成功进行了试验（图 6-7）。

图 6-7　柔性蒙皮在无人机上进行试验

　　在 DARPA 的资助下，UCLA 还研究了集成传感器-处理器-致动器（M3）系统，开发了用于低空监视的飞行器和用于验证通过智能蒙皮实现气动机动概念的无尾飞行器。

　　乔治亚理工学院用不锈钢作为衬底制作了 MEMS 压力传感器和 MEMS 调节器阵列，进行微喷射的孔基控制，由波音在无人机的飞行器上进行了试验。

　　佛罗里达大学研究微型飞行器（MAV）周围的流动控制时，采用了 DARPA 开发的微图像速度计，它可以测量微通道中高速微流的速度，典型应用是小尺寸飞行器推进装置的微喷嘴。

　　密歇根大学对电动流体微致动器进行了研究，这是一种基于电动的 MEMS M3 阵列，可用于无人机的主动控制。

　　波音、英国 Endevco 公司和乔治亚理工学院联合开发了一种测量气动结构压力的保形方法，使用的是"压力带"，它由 3 个互联的超微压力传感器模块组成，MEMS 传感器厚 2 mm，安在柔性带上后附于机翼上。Endevco 已经为波音生产了超过 600 条这样的压力带，用于 747、767、777 和 787 的机翼压力测量，其数据可用于载荷能力、发动机效率、燃油经济性等的运行参数计算，并可计算压力系数，以确定不同飞行状态下的结构载荷。波音还将其用在了 737 的机腹油箱处来测量压力（图 6-8）。

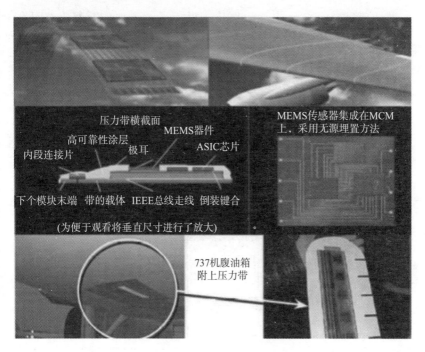

图 6-8　波音公司压力带及其应用

### （四）健康与使用状态监控

健康与使用状态监控对飞行器的安全性和自主保障至关重要，不论是直升机健康与使用状态监控系统，还是 F－35 上的预测与监控管理系统，都应用了大量的传感器，其中也包括 MEMS 器件。

DARPA 开发了各种低功率、单轴和多轴的应力传感器，可用于测量飞机结构应力，实施健康监测，萨克斯公司利用这种 MEMS 单轴应力传感器来验证实心梁弯曲不稳定的主动控制，并完成了在波音 F－18 战斗机和一些直升机等机型上的评估。

美国 Sandia 国家实验室开发和评估了几种低成本且可靠性强的 MEMS 传感器，其中有一种真空监测传感器，这种传感器是一种自粘接的橡胶垫，尺寸从硬币到信用卡大小不等，橡胶垫下面采用激光加工出许多微小通道，这些通道互连或形成类似图表的形状，能够对空气压力产生反应；当传感器下面的材料发生任何裂纹扩展时，橡胶垫下面的图案就发生变化，而空气压力的变化便被捕捉到。

法国泰雷兹航电公司开发了高精度 MEMS 压力传感器用于大气数据系统，该传感器已经装备于空客飞机、波音 777、737NG 系列和"阵风"战斗机。

美国普渡大学在空军研究实验室（AFRL）的资助下开发了一种能够在发动机内部的恶劣环境中工作的无线 MEMS 传感器，它能够直接监测发动机轴承的温度，比通过监测发动机燃油温度间接监测轴承温度的普通传感器更加灵敏。

德国 MTU 发动机公司指出了航空发动机未来可以安装的各种 MEMS 传感器，如图 6－9 所示，包括气体分析传感器、温度传感器、共轴电容传感器等。

AFRL 资助美国科罗拉多大学进行了一项耐高温 MEMS 器件的微制造技术研究，采用可注射聚合物衍生 SiCN 陶瓷材料，通过微铸工艺或直接光聚工艺，实现复杂三维多层 MEMS 器件的制造。聚合

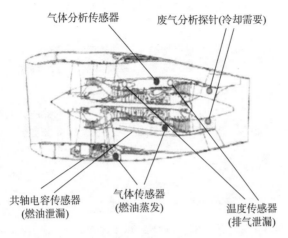

图 6 - 9　发动机中可用 MEMS 传感器的位置

物衍生陶瓷可以用在超过 1 500 ℃的环境下，比如悬臂梁、活塞致动器、微马达和微燃烧室等，特别是发动机中的微传感器。

## 二、惯性导航测量

惯性测量装置（IMU）一般由陀螺仪、加速度计和信号处理电路等组成，目前正在向单芯片上集成，提供位置、高度和速率数据（图 6 - 10～图 6 - 12）。

目前，MEMS 器件以其巨大的成本优势、更小的尺寸与功率使它具有广泛的使用潜力。微系统技术在惯性测量领域的重要应用为发展 MEMS IMU 相关部件和基于微系统的飞机姿态与航向指示系统。

### （一）MEMS IMU 相关部件

DARPA 资助了多项 MEMS IMU 的研究，比如 BAE 系统公司开发的海军增程制导弹药上的 MEMS IMU SiIMU02；空军曾进行将 MEMS IMU 集成进风修正弹药布散器的飞行验证。

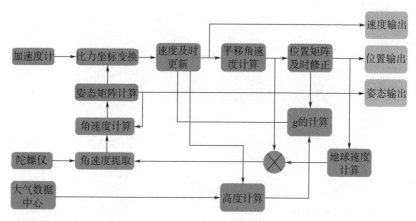

图 6-10 惯性导航系统基本工作原理：以牛顿力学定律为基础，通过测量载体在惯性参考系的加速度、角加速度，将它对时间进行一次积分，求得运动载体的速度、角速度，之后进行二次积分求得运动载体的位置信息，然后将其变换到导航坐标系，得到在导航坐标系中的速度、偏航角和位置信息等。

图 6-11 陀螺仪

泰雷兹航电公司开发了双差动石英谐振悬臂梁加速度计，用于法国赛峰集团的一款军用 IMU 中；泰雷兹还在开发硅微陀螺仪，使用大厚度绝缘体上硅和 DRIE 工艺。

图 6-12　加速度计

陀螺仪发展历史见表 6-2。

表 6-2　陀螺仪发展历史

| 阶段 | 时间 | 原理 | 陀螺仪 |
|---|---|---|---|
| 第一代 | 20 世纪 40 年代以前 | 牛顿经典力学原理 | 滚珠轴承支承陀螺仪、马达和框架的陀螺仪 |
| 第二代 | 20 世纪 40 年代末到 50 年代初 | 牛顿经典力学原理 | 液浮和气浮陀螺仪 |
| 第三代 | 20 世纪 60 年代以后 | 牛顿经典力学原理 | 动力挠性支承陀螺仪（主要为动力调谐陀螺仪） |
| 第四代 | 20 世纪 70 年代以后 | 萨格奈克（光学陀螺仪）、哥氏振动效应（MEMS 陀螺仪）、牛顿经典力学原理（静电陀螺仪） | 静电陀螺仪、激光陀螺仪、光纤陀螺仪和 MEMS 陀螺仪 |
| …… | 未来 | 量子力学技术 | 核磁共振陀螺仪、原子干涉陀螺仪 |

　　DARPA 和 AFRL（美国空军研究实验室）共同资助美国 CMU 学院开发了 CMOS-MEMS 工艺，用于 MEMS 加速度计和陀螺仪的制造，如图 6-13 所示。

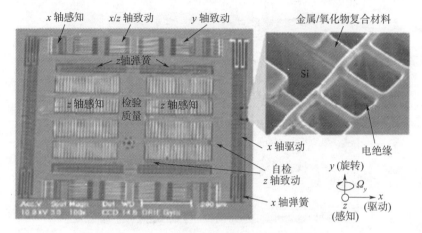

图 6 - 13  $x$ 轴 DRIE 陀螺仪的电子显微图形

该工艺能够把传感器和电路集成在单个芯片上，实现常规 CMOS 工艺和 MEMS 微加工工艺的结合，MEMS 工艺可以在标准 CMOS 工艺之前（前 CMOS）、过程之中（中间 CMOS）、之后（后 CMOS）完成。CMU 学院开发了两种后 CMOS 工艺，薄膜 CMOS - MEMS 工艺和 DRIE CMOS - MEMS 工艺，后者将薄膜 CMOS - MEMS 工艺、德国 Bosch 公司先进硅刻蚀工艺（属于深硅刻蚀）和背面刻蚀结合起来，能针对特殊的设计进行工艺优化。

## （二）基于微系统的飞机姿态与航向指示系统

美国还推出了基于微系统的飞机姿态与航向指示系统（图 6 - 14）。2013 年 3 月，诺斯罗普·格鲁曼公司推出了基于 MEMS 的姿态与航向指示系统——LCR - 200（图 6 - 15）。LCR - 200 是一种高性能惯性测量单元，可提供飞机位置、航向和姿态等导航信息。

LCR - 200 尺寸小、重量轻、易安装，并保留了现有 LCR - 100 系统的形状、界面和同步接口，可以兼容老式自动驾驶仪。此外，LCR - 200 还解决了传统 MEMS 技术难以克服的声振动和结构振动问题，这些问题对传统 MEMS 技术来说是个挑战。

图 6-14　飞机姿态与航向指示系统

图 6-15　LCR-200

此外，LCR-200 解决了通常由声振动和结构振动引起的问题，目前，LCR-200 演示样机成功完成了一系列具有挑战性的直升机飞行测试。英国航空公司——DAC 国际已成为该产品的第一个客户。

## 三、微型飞行器

微型飞行器（MAV）是美欧最先开始研究的一种未来新概念飞行器，通过在微尺寸的飞行器中集成各种微任务载荷，或者利用功能结构一体化等技术，使其具有比无人机更好的狭小地区隐秘侦察与监视功能（图 6 - 16）。

固定翼微型飞行器

仿昆虫扑翼微型飞行器

仿鸟扑翼微型飞行器

多旋翼微型飞行器

图 6 - 16　微型飞行器

　　MAV 主要包括固定翼、旋翼、扑翼三种布局，可以做到只有几厘米大小，且上面还要具备动力、能源、导航、传感、通信等系统，这对制造和集成提出了很高的要求，微系统技术成为实现多功能微型化的首选（图 6 - 17）。

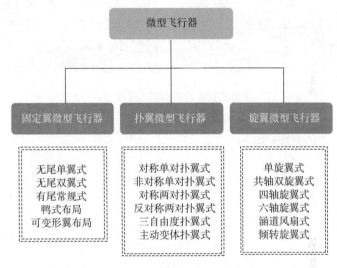

图 6 - 17　微型飞行器的种类

　　美国空军技术大学（AFTI）在 AFRL 的资助下开展了一系列采用 MEMS 技术制作旋翼和扑翼 MAV 关键结构和动力器件的研究，主要采用了 PolyMUMPs 工艺，并对比了 Sandia 国家实验室的 SUMMiTV 工艺。

　　PolyMUMPs 工艺使用 3 层多晶硅层和 2 层氧化物牺牲层，多晶硅层与氧化物牺牲层交错沉积、制备图案并刻蚀，之后除去牺牲层释放第 2 层和第 3 层多晶硅层，利用该工艺制作微翅膀。

　　SUMMiTV 工艺，即 Sandia 超平多层 MEMS 技术，由 Sandia 国家实验室开发，使用 14 个掩模来制备多晶硅和氧化物层图案，此法还用在了该机构微发动机的制作中，两套正交梳状传动谐振器带动传动齿轮旋转，如图 6 - 18 所示。

←传动齿轮

图 6-18　两套梳状传动谐振器，驱动 10∶1 齿轮系统

## （一）昆虫飞行器

微型飞行器的一个典型代表是昆虫飞行器。它是一种如昆虫般大小的袖珍飞行器，可携带各种探测设备，具有信息处理、导航和通信能力。美国已经研制成功一种仅手掌大小的"袖珍飞机"，能持续飞行 1 h 以上，装有超敏感应器，可感知并确定被探测点的位置，可在夜间拍摄清晰度很高的红外照片，并能将信息和探测点坐标回传到 320 km 以外的控制中心（图 6-19）。

图 6-19　袖珍飞机

### (二) 混合昆虫微机电计划

DARPA 微系统技术办公室从 2009 年就启动了混合昆虫微机电计划 (HI-MEMS), 目的是发展可以控制昆虫运动的技术。2012年 4 月, 该项目承研单位美国密歇根和犹他大学研发出一个原型, 可以让半机械甲虫通过植入方式, 利用翅膀振动产生电能。研究人员通过在甲虫每个翅膀都能接触到的地方固定一个 MEMS 压电能量采集装置, 产生了 45 mW 的电能 (图 6-20)。

1 cm

图 6-20　新型机械甲虫使用生物电池能够基于自身化学性重复使用该电池

研究人员表示, 通过进一步优化设计, 有望为半机械昆虫身上的植入器件提供所需的所有电能 (图 6-21~图 6-23)。例如, 若能将发电机挂在甲虫翅膀上, 输出电能将提高 10 倍, 足以驱动飞行控制的神经植入器件。

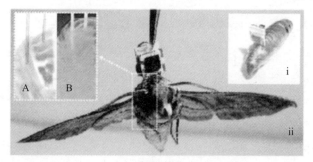

(a) MEMS植入

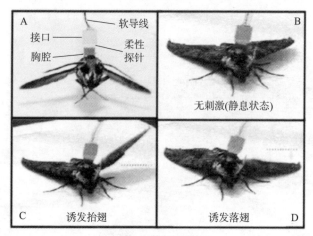

(b) 人工控制翅膀扇动

图 6-21　嵌入微机电系统的烟草天蛾

图 6-22　蜻蜓植入芯片变身混合型无人机

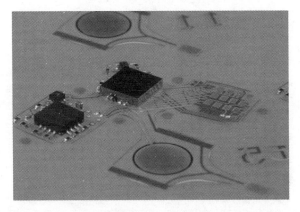

图 6 - 23　在叠加至蜻蜓背包系统之前的开发板与元件特写

## 四、军用射频组件

射频 MEMS 是指有独立的或活动的次毫米尺寸零件、可提供射频功能的组件。射频 MEMS 组件有很多种，比如射频 MEMS 谐振器、低相噪的自持振荡器、射频 MEMS 可调感应器和射频 MEMS 开关、开关电容器、开关可变电抗器等。各类射频 MEMS 器件及其应用方向和优势特点见表 6 - 3。

表 6 - 3　各类射频 MEMS 器件及其应用方向和优势特点

| RF MEMS 器件种类 | 应用方向 | 特点和优势 |
| --- | --- | --- |
| 电容 | VCO、可调滤波器、收/发平台 | IC 芯片上用、线性、高 Q 值、可调范围大、无功耗 |
| 电器 | 匹配网络、不平衡变换器、VCO | IC 芯片上用、线性、高 Q 值、可调范围大、无功耗 |
| 开关 | 波段切换开关、旁路开关、可重构天线、相控阵通信系统（地面、空间、机载）、相控阵雷达（地面、空间、弹载、机载、车载）、无线通信（便携、基站）卫星（通信和雷达）、仪器 | 近零驱动功耗、低插损、线性（信号不失真），是解决 Ku 波段以上弹载相控阵功耗的最好手段 |

**续表**

| RF MEMS 器件种类 | 应用方向 | 特点和优势 |
|---|---|---|
| 移相器 | 相控阵雷达、导弹寻的系统等 | 近零驱动功耗、低插损、降低系统功放的要求,是实现有/无源集成设计的新型相控阵的最佳方式 |
| 谐振器 | 滤波器、收/发带通滤波器、双工器、VCO 等 | 小尺寸,可集成在射频系统级芯片上 |
| 滤波器 | 代替微小型系统中的传统滤波器,应用于射频前端组件 | 微型化、可集成、无功耗 |
| 匹配网络 | 集成可重构射频前端 | 低损耗、低功耗、高线性 |
| 天线 | 超低成本的轻型相控阵雷达、多波段相控阵天线、动态自适应天线、共形天线阵列 | 微型化、轻量化、可重构 |

## (一) 射频 MEMS 开关

MEMS 开关没有 P‑N 结,除了性能的优势外,制造成本低,可以用表面微加工技术制造,且可以制造在石英、高阻硅或 GaAs 衬底上,便于与现有射频微波电路兼容。

密歇根大学研发了一种用于毫米波雷达传感器上的两端固支梁 MEMS 开关制造的自对准工艺,基于面微加工技术,可以通过任何抛光的电介质或高电阻率半导体衬底实现。这种中心拉式电容开关以及开关电容器和可变电抗器的常规制造工艺需要 5 个掩模,而自对准制造工艺只需要 3 个掩模,约是常规工艺的 40%,用来制作中心拉式电容射频 MEMS 组件的电极、梁和锚,如图 6‑24 所示。两种制造工艺都支持构造空气桥、集成薄膜电阻器和金属绝缘空气金属电容器。

## (二) 射频 MEMS 传感与通信微组件

基于 MEMS 开关和 MEMS 可调电容器的射频信号开关阵列和跟踪滤波器,在性能上得到大幅提升,可用于军用安全通信系统,

（a）射频 MEMS 可变电抗器的梁　　　（b）射频 MEMS 可变电抗器的锚

图 6-24　自对准工艺制作的中心拉式电容射频 MEMS 组件的电子显微图形

如应用于 F-22 战斗机上的天线界面单元（AIU）跟踪滤波器、RAH-66 直升机上的 AIU 跟踪滤波器和联军 ARC-210（V）军用无线电接收机的预选器。

密歇根大学在 DARPA 的无线通信 MEMS 计划下，研究了微机械谐振器在进入 VHF、UHF 和 S 波段范围后的性能极限，在这些范围内使用高 Q 微机械滤波器和振荡器，并将这些组件整合进紧凑的、不昂贵的无线接收机内。

DARPA 资助了众多项目来研究相关的技术，比如加州伯克利大学的低接触电阻 SiGe MEMS 技术、纳米沟 SiGe 射频 MEMS 滤波器、SiGe 浮动机电系统、使用标准后端连线材料的射频 MEMS 开关等。

美国 Radant MEMS 公司在美国空军研究实验室（AFRL）的资助下，进行了世界上首次基于 MEMS 的 X 波段雷达的验证。这款 MEMS 电子扫描阵列（ESA）与传统的有源 ESA 相比，节省了重量、功率和成本，而天线性能的提升主要归功于 MEMS 开关取代了传统半导体开关技术。

该 MEMS 开关只有 1.5 $mm^3$ 大小，已经验证了 7 000 亿次的开关循环，ESA 则拥有 25 000 个 MEMS 器件，可以电子扫描 ±60°，在 X 波段的 1 GHz 带宽下运行（图 6-25）。

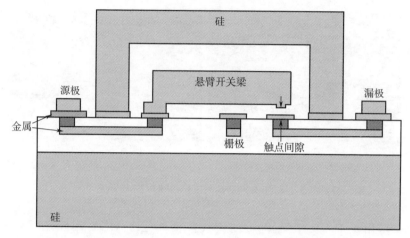

图 6-25　一种 MEMS 开关设计的横截面，图中所示为悬臂开关梁（不成比例）

　　AFRL 也开展了许多研究，比如通过 GaAs-硅和硅-硅的芯片尺寸键合，来产生 MEMS 器件三维封装的空穴，在区域选择键合和快速键合中分别使用了激光和熔炉回流工艺，此外还进行了射频 MEMS 的晶圆级芯片尺寸封装开发。

# 五、变形反射镜和车载雷达

　　微光机电系统（MOEMS）是近几年微系统领域发展起来的一支极具活力的新技术系统，它是由微光学、微电子、微精密机械、生化和信息处理相结合而产生的一种新型微系统，在军事和空间领域的应用前景广阔。近年来，MOEMS 被应用于变形反射镜中，并开始在车载雷达领域发挥了重要作用。

## （一）变形反射镜

　　NASA 目前正在开展"利用火星对行星成像测试"（PICTURE）项目，希望能够对太阳系以外的大行星直接成像。在该项目中，NASA 选用了美国波士顿微机械公司研制的 MEMS 可变形反射镜。

可变形反射镜在太空成像中起着关键作用，因为它能纠正太空望远镜不能解决的残余像差问题，但传统器件可变形反射镜在电离辐射环境中会导致其驱动电压不稳。

NASA 将 MEMS 可变形反射镜安装于自适应光学波阵面，并已用于 2011 年 10 月发射的探测火箭中，目前该变形反射镜工作状况良好。2012 年 5 月，波士顿微机械公司与 NASA 达成第二期协议。

此外，波士顿微机械公司还宣布其 MEMS 可变形反射镜产品已用于自动天文激光自适应系统（Robo‐Ao）中，该系统是加利福尼亚 1.5 m 口径望远镜的一部分。Robo‐Ao 将本来用在大型望远镜的自适应光学技术用于小型和中型望远镜中，增加了望远镜的成像能力。Robo‐Ao 作为第一个自动化的光学系统，是天文学发展的重要突破。系统使用 MEMS 可变形反射镜，减小了大气湍流造成的光行差图像降质，提高了望远镜的成像质量。

## （二）车载激光雷达

日本富士通研究所也利用 MEMS 微镜开发出来的水平与垂直方向检测角度均为 140°的车载激光雷达（图 6‐26）。目前检测斜后方车辆需要使用 2 个激光雷达，如果使用该产品，则只用 1 个即可。

为扩大检测角度，富士通研究所研制了能够扩大激光发散角度的镜头和能在更大范围内扫描激光的机构。扫描结构主要由能产生短间隔激光的电路和驱动 MEMS 反射镜的机构来实现，能够以 76 800 点的精度测量水平方向和垂直方向均为 140°的空间。

此外，新产品还能够检测到是否有人以及人是站着还是坐着等状态。除车载用途外，富士通研究所还准备将其应用于监视用传感器等领域。

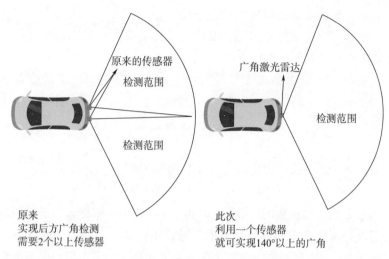

图 6-26　检测角度均为 140°的车载激光雷达

## 六、微纳卫星及其推进器

近年来，美国利用微系统技术大力发展微纳卫星及其推进器，并取得了一定的成绩。

### （一）手机卫星

美国国家航空航天局（NASA）利用微系统技术发展手机卫星，并已经于 2013 年成功发射 4 颗手机卫星。NASA 的手机卫星采用商用现货，已经可以满足多种卫星系统需求，包括快速处理器、通用操作系统、多种微型传感器、高分辨率相机、全球定位系统接收机以及多种无线电信号。

NASA 通过尽量使用商用硬件、降低设计和任务目标等手段，将手机卫星部件成本控制在 3 500～7 000 美元之间，其个头仅为水杯大小（图 6-27）。

图 6 - 27　美国 NASA 开发的手机卫星，个头仅有普通水杯大小

## （二）新型超小马达

2011 年 12 月，瑞士洛桑联邦理工学院领导的欧洲研究团队开发出一种新型超小马达原型，可以让小卫星在远地轨道上飞行，从而降低太空探索的成本。这项基于 MEMS 技术的卫星推进器项目的研究成果主要面向用于机器人空间探测和空间科学研究的小型航天器。

近年来，小卫星研究活动非常活跃，主要是由于小卫星的生产和发射成本较低。但目前，纳卫星都被限制在预定轨道（不能变轨飞行），面临着缺乏高效推进系统的问题。传统的推进器可以使卫星绕地变轨飞行，而且可以飞到离地球更远的太空，但这种推进器常用于大型、昂贵的航天器。而该小型马达原型仅重 200 g（含推进剂和电子设备），是专门为推进 1～100 kg 的小卫星而研制的，主要安装在尺寸仅为 10 cm×10 cm×10 cm 的小卫星上。

　　新型马达采用"离子"液体而非传统的可燃物做推进剂，即采用液态化合物 EMI－BF4 作为溶剂和电解质，从液态化合物中提取的离子和带电分子从马达中被喷出产生推进力。配备该新型马达、质量为 1 kg 的纳卫星仅需 6 个月的时间和 100 mg 的推进剂就能达到月球轨道。

### （三）小型推进器

　　2012 年 6 月，诺斯罗普·格鲁曼公司的"微推进器计划"公布了一个小型的推进器，可以实现微星、纳星甚至皮星的入轨控制、轨道控制和姿态控制等功能。每一个如罂粟种子大小的 MEMS 火箭推进器单元被放置在位于硅层和玻璃层之间的中间层阵列之中，中间层阵列由小细胞阵列构成，被隔膜密封（图 6-28）。每个单元代表一个单独的 MEMS 火箭推进器，像固体火箭发动机一样装有可燃推进剂。点燃时，每个细胞提供一个冲量。每次推进通过控制序列提供确切数额的冲量，调整推进的方向和能量。

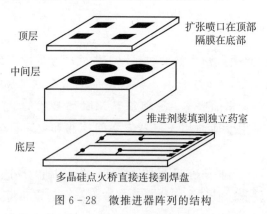

图 6-28　微推进器阵列的结构

　　2012 年 8 月，美国麻省理工学院宣布，他们研制出一种卫星火箭推进器，能为不足 2 kg 的微小卫星提供动力。这种推进器形似计算机芯片，由多层金属组成，最上层有 500 个均匀排列的金属尖端，最底层装有一个小型液体容器，每层结构都有细微小孔，可将离子液体"吸"到最顶层的金属针状物上。

研究人员为这个推进器设计了一个金箔板，通过施加电压，在金箔板与金属尖端之间形成电场，使金属尖端释放离子束，从而推动微小卫星运行。据计算，在太空零重力环境下，该推进器足以推动一个约 0.9 kg 重的卫星。如果同时配备多个这种微型推进器，则能让微小卫星改变运行轨道、精确转向和正常翻滚。

## 七、新型光电集成芯片

随着微集成技术的不断发展，多种实用的光电集成器件相继问世，如用于先进激光雷达的二维光学相控阵列芯片、用于扫描和成像的太赫兹成像芯片等，提高了器件性能、降低了成本。

### （一）二维光学相控阵列芯片

2013 年 1 月，DARPA 开发出了迄今最复杂的二维光学相控阵列芯片，将 4 096 个（64×64）纳米天线集成到一个硅基底上，尺寸只有 576 μm×576 μm，相当于针尖大小。这种器件将所有光相控阵列组件集成到一个微型二维芯片上，可形成高分辨率的光束模式，实现新型传感与成像能力（图 6 - 29）。

实现这一突破的关键是开发了一种可容纳大量纳米天线的设计：新的微尺寸加工工艺——将电子和光学部件集成到一块单独芯片上的技术。该芯片的研制直接面向激光雷达的实际应用，其成功表明硅基光电集成正在逐步解决异质、异构集成等技术难题。

除了激光雷达外，该芯片还可应用于生物医学成像、三维全息显示和超高数据率通信等领域。

### （二）太赫兹成像微芯片

2013 年 1 月，美国加州理工学院开发出一种低成本的微小成像硅芯片，这种成像芯片能够产生并发射出高频的电磁波，即太赫兹

图 6 - 29　二维相控阵列芯片

波。研究人员使用 CMOS 技术设计出了具有全面集成功能的、可在
太赫兹频段适行的硅芯片，其尺寸只有指尖大小（图 6 - 30）。

　　此项研究包括了集成电路、天线、电磁学和应用科学等多领域
的研究创新。新型芯片能够激发出比现有器件强近 1 000 倍的信号，
而发出的太赫兹信号能在特定方向被动态程控，成为世界上第一个
集成的太赫兹扫描阵列。该扫描装置能够识别出更深和更细节的信
息，具有广泛的应用潜力。

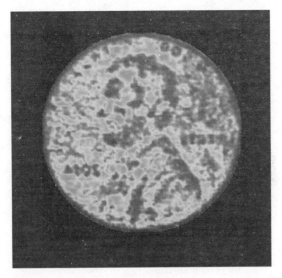

图 6-30　微小成像硅芯片

## 八、消费微系统领域

在手机、PDA、便携式计算机、计算机输入、相机、游戏机等移动装置里，传感器和传感器模块受到高度关注。虽然手机中使用的传感器功能相对简单，但是市场战略更加注重嵌入式智能传感系统的硬件集成和软件开发。例如，微型电子鼻就是一种集成微系统，由微小尺寸、低功耗的集成传感器、读出电路、特定应用程序和封装组成，其中，MEMS 传感器起关键作用。微型电子鼻嵌入智能手机可增强监测周围的化学信号，以获得有用的信息，如空气质量监测、呼吸分析等（图 6-31）。

根据预测，未来的移动终端中，MEMS 将占据主流。在未来数年里，移动互联装置将配置加速度计、陀螺仪、微麦克风等 MEMS 器件，其射频功能（如 WiFi 和手机）包含谐振器、变容二极管和开关等射频 MEMS。另外，还将电子鼻、微型扬声器和超声器件等许

图 6-31　手持型电子鼻

多新的 MEMS 技术加入移动装置；光学滤波器使相机和微型投影仪向大屏幕投影成为可能。

## （一）微传感器提高汽车安全性

微系统产品市场的第一个发展浪潮就是由汽车工业推动的，通过在汽车上安装大量不同类型的微传感器，现代汽车的安全性有了大幅提高。目前在现代汽车中应用的微传感器主要有压力传感器、加速度计、陀螺仪、磁场传感器等多种类型。这些传感器主要有三种不同的用途，分别是用于发动机控制的传感器、用于车辆行驶控制的传感器以及用于保障乘客安全性的传感器。

图 6-32 所示就是车上主要的三类传感器。发动机控制系统传感器是整个汽车传感器的核心，种类很多，包括温度传感器、压力传感器、位置和转速传感器、流量传感器、气体浓度传感器和爆震传感器等。

这些传感器向发动机的电子控制单元提供发动机的工作状况信息，供电子控制单元对发动机工况进行精确控制，以提高发动机的动力性、降低油耗、减少废气排放和进行故障检测。

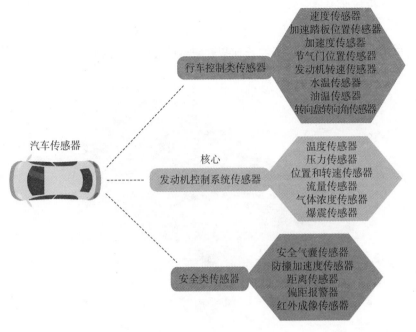

图 6-32　汽车上的传感器

　　行车控制类传感器包括速度传感器、加速踏板位置传感器、加速度传感器、节气门位置传感器、发动机转速传感器、水温传感器、油温传感器、转向盘转向角传感器等，主要作用是向车载计算机提供车辆行驶信息，辅助车载计算机控制车辆行驶稳定性。

　　安全类传感器包括安全气囊传感器、防撞加速度传感器、距离传感器、偏距报警器、红外成像传感器等，用于提高车辆的安全性。

## （二）微系统芯片提高电子产品能力

　　在 2008 年前，微系统芯片的主要应用是汽车电子，但随着智能手机的出现，消费电子成为微系统芯片的新舞台。各种微系统芯片促进各种消费电子产品小型化、互联化、智能化，极大改变了人们的生活方式。智能手机是微系统芯片的集大成者。一部智能手机就是各种微系统芯片的组合，如图 6-33 所示。手机中的主要微系统芯片包括处理器、内存等传统半导体芯片，还有加速度计、陀螺仪等 MEMS 传感器，以及微麦克风、镜头等集成微系统器件。这些微系统芯片是智能手机实现各种功能的基础。

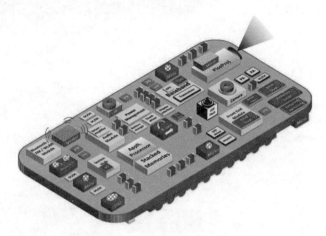

图 6 - 33　手机中的微系统芯片

在电子游戏机领域，各种 MEMS 传感器的应用开拓了一类体感式游戏机，令游戏体验有了大幅度提升。任天堂公司就在 Wii 无线游戏机中使用了 MEMS 加速度计和陀螺仪，允许使用者通过运动和点击互相沟通以及在屏幕上处理一些需求，其原理是将运动（例如挥舞胳膊模仿网球球拍的运动）转化为屏幕上的游戏行为。

## 九、医疗微系统领域

当前，社会老龄化和医疗保健需求的增长为微系统发展提供了机遇。在医疗植入和非植入设备等领域，微系统技术大有用武之地。

药物传递系统是集成感知、处理和致动功能的一个典型微系统。微系统技术可以实现将 MEMS 血糖测量计和 MEMS 胰岛素泵结合在一起，持续监视血糖浓度，并在需要时输入准确剂量的胰岛素。高价值医疗生物 MEMS 今后 5 年将以 20% 左右的年复合增长率增长。

例如，DARPA 与美国国立卫生研究院研发了基于 MEMS 的"片上人体系统"。该项目基于 MEMS 技术开发微流体芯片来模拟人体的实际生理反应，目的是加速新药物的研发速度和效率，并提供快速检测不明物质毒性的方法（图 6 - 34）。

图 6 - 34　微流体芯片的优势

研究人员将利用 MEMS 微流体技术，借助芯片上传感器在工程人体组织样本上测试药物、疫苗和毒素。芯片上共有 10 组可替换的人体组织模块，从而能够快速准确地预测药物和疫苗的疗效、毒性以及药物动力学。该芯片的传感器上可安装不同的工程人体器官样本，并监测其反应。这些样本可以通过一定的配置相互连接，让使用者能进行循环系统、内分泌、肠胃道、免疫系统、外皮部分、骨骼肌肉、神经、生殖系统、呼吸系统和泌尿系统的建模。

谷歌公司在 2014 年 1 月发布了一款智能隐形眼镜（图 6 - 35），

可通过分析佩戴者泪液中的葡萄糖含量帮助糖尿病患者监测血糖水平，从而免去糖尿病患者取血化验的痛苦。该隐形眼镜内置上万个微型晶体管和细如发丝的天线，将监测数据以无线形式发送到智能手机等移动设备上。

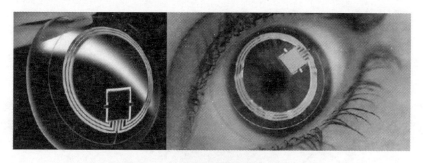

图 6 - 35　谷歌开发的隐形眼镜

利诺伊大学教授约翰·罗格斯联合华盛顿大学的一支研究团队开发出了一款柔性套环，能够包裹在一颗跳动的兔子心脏的外部，以 3D 形式监测其电活动，如图 6 - 36 所示。在不久的将来，该技术可能被用于高精确感知和响应心律失常。

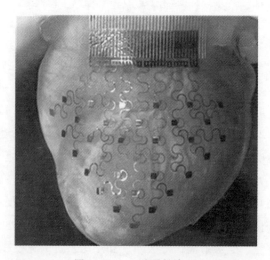

图 6 - 36　心脏柔性套环

　　2014 年 11 月，美敦力公司发布了全球最小的心脏起搏器 Micra（图 6 - 37）。与传统起搏器由肩部或胸部植入不同，Micra 通过微创方式，由腿部血管进入心脏，附在心肌上，感染风险极小。由于体积较小，仅为传统起搏器的 1/6，植入方便，可在降低手术难度的同时，提高手术效果。

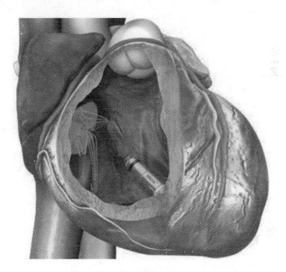

图 6 - 37　心脏起搏器 Micra

# 第七章
## 结束语

　　在微系统技术的发展历史上，集成电路（IC）是技术的起点。电子器件小型化和多功能性是微加工技术的推动力。如果没有微加工和小型化技术的迅猛发展，许多今天看来理所当然的科学和工程成就都不可能实现。

　　相对于宏观的机电传感器，微系统技术带来了两个重要的优点，即高灵敏度和低噪声。同时，微系统技术采用批量生产，而不是采用手工组装的方式，有效地降低了传感器的使用成本。

　　纵观以美国为代表的军事强国对微系统的发展需求，结合技术发展规律，军用微系统将向小型微型化、多功能集成化、灵活智能化等方向发展。

　　一方面重视多种功能的异质、异构集成，在此基础上实现小型化和微型化；另一方面通过将多个电子元器件进行系统化整合，打造微型作战平台。采用模块化、开放式发展模式，实现先进技术的更快融入和集成，降低系统研发调试的难度和成本。加入自主学习和自主决策能力，提高自适应能力，扩大微系统的作用范围。

　　持续缩小特征尺寸、从三维封装集成到三维单片集成、推进量子和神经形态新计算范式、用数字方式实现模拟功能将是微系统发展的主要内容。